上海市工程建设规范

既有建筑结构检测与评定标准

Standard of structural inspection and assessment for existing buildings

DG/TJ 08—804—2024
J 10616—2025

主编单位:同济大学
　　　　　上海市房屋安全监察所
批准部门:上海市住房和城乡建设管理委员会
施行日期:2025 年 6 月 1 日

同济大学出版社

2025　上海

图书在版编目(CIP)数据

既有建筑结构检测与评定标准 / 同济大学,上海市房屋安全监察所主编. --上海:同济大学出版社, 2025.4. --ISBN 978-7-5765-1575-6

Ⅰ.TU3-65

中国国家版本馆 CIP 数据核字第 2025Q3M917 号

既有建筑结构检测与评定标准

同济大学
上海市房屋安全监察所 主编

责任编辑　朱　勇
责任校对　徐逢乔
封面设计　陈益平

出版发行　同济大学出版社　www.tongjipress.com.cn
　　　　　(地址:上海市四平路 1239 号　邮编:200092　电话:021-65985622)

经　　销　全国各地新华书店
印　　刷　常熟市华顺印刷有限公司
开　　本　889mm×1194mm　1/32
印　　张　6.125
字　　数　153 000
版　　次　2025 年 4 月第 1 版
印　　次　2025 年 4 月第 1 次印刷
书　　号　ISBN 978-7-5765-1575-6
定　　价　60.00 元

本书若有印装质量问题,请向本社发行部调换　　版权所有　侵权必究

上海市住房和城乡建设管理委员会文件

沪建标定〔2024〕648号

上海市住房和城乡建设管理委员会关于批准《既有建筑结构检测与评定标准》为上海市工程建设规范的通知

各有关单位：

由同济大学、上海市房屋安全监察所主编的《既有建筑结构检测与评定标准》，经我委审核，现批准为上海市工程建设规范，统一编号为DG/TJ 08—804—2024，自2025年6月1日起实施。原《既有建筑物结构检测与评定标准》(DG/TJ 08—804—2005)同时废止。

本标准由上海市住房和城乡建设管理委员会负责管理，同济大学负责解释。

特此通知。

上海市住房和城乡建设管理委员会
2024年12月23日

前　言

根据上海市住房和城乡建设管理委员会《关于印发〈2022 年上海市工程建设规范、建筑标准设计编制计划〉的通知》（沪建交〔2021〕829 号）要求，由同济大学和上海市房屋安全监察所会同有关单位对上海市工程建设规范《既有建筑物结构检测与评定标准》DG/TJ 08—804—2005 进行修订，力争做到技术先进、方法合理、应用便捷，既与其他标准相协调，又结合上海的实际情况，体现上海特色。

本标准的主要内容包括：总则；术语和符号；基本规定；既有建筑结构检测；既有建筑结构分析与可靠性评定方法；既有混凝土结构构件可靠性评定；既有砌体结构构件可靠性评定；既有钢结构构件可靠性评定；既有木结构构件可靠性评定。

本次修订的主要内容有：①完善了结构检测抽样方案；②增加了最新的检测技术和方法；③增加了结构使用条件调查；④对材料性能和结构损伤检测章节进行调整，并完善了历史建筑钢筋强度推定方法；⑤增加了火灾后结构性能检测；⑥增加了损伤动力识别；⑦调整了使用性评定方法；⑧增加了剩余使用寿命预测；⑨完善了结构可靠性评定方法与原则；⑩调整了锈蚀混凝土结构构件承载力计算方法。

各单位及相关人员在执行本标准过程中，如有意见和建议，请反馈至上海市房屋管理局（地址：上海市世博村路 300 号；邮编：200125），同济大学（地址：上海市四平路 1239 号土木工程学院建筑工程系；邮编：200092；E-mail：xiaobins@tongji.edu.cn），上海市建筑建材业市场管理总站（地址：上海市小木桥路 683 号；邮编：200032；E-mail：shgcbz@163.com），以供今后修订时参考。

主 编 单 位：同济大学
上海市房屋安全监察所
参 编 单 位：上海市建筑科学研究院有限公司
上海房屋质量检测站有限公司
中冶检测认证(上海)有限公司
上海宝冶工程技术有限公司
上海理工大学
上海同丰工程咨询有限公司
上海谦济建设工程有限公司
主要起草人：顾祥林　张伟平　肖绪文　李宜宏　蔡乐刚
商登峰　宋晓滨　周建武　孙兆成　李再峰
李向民　蒋利学　王卓琳　郑士举　陈小杰
代红超　金立赞　余倩倩　姜　超　李　翔
陈　涛　印小晶　黄庆华　林　峰　周　云
刘　晓　姚晓璐　许天添　杨　珏　郝晓丽
彭　斌　曾严红　陈海斌　李传平
主要审查人：沈　恭　林　驹　陆锦标　顾陆忠　李亚明
陈　洋　李伟兴

上海市建筑建材业市场管理总站

目 次

1 总　则 ………………………………………………………… 1
2 术语和符号 …………………………………………………… 2
　2.1 术　语 …………………………………………………… 2
　2.2 符　号 …………………………………………………… 5
3 基本规定 ……………………………………………………… 9
　3.1 一般规定 ………………………………………………… 9
　3.2 工作程序和基本内容 …………………………………… 10
　3.3 基本要求 ………………………………………………… 12
4 既有建筑结构检测 …………………………………………… 14
　4.1 一般规定 ………………………………………………… 14
　4.2 结构检测抽样方案 ……………………………………… 14
　4.3 建筑图和结构图的复核与测绘 ………………………… 16
　4.4 地基基础调查与检测 …………………………………… 19
　4.5 结构使用条件和使用环境调查 ………………………… 20
　4.6 结构材料力学性能检测 ………………………………… 21
　4.7 结构损伤及材料性能劣化检测 ………………………… 33
　4.8 火灾后结构性能检测 …………………………………… 39
　4.9 建筑变形检测 …………………………………………… 40
　4.10 结构的现场荷载试验 …………………………………… 41
　4.11 结构动力特性检测与损伤识别 ………………………… 45
5 既有建筑结构分析与可靠性评定方法 ……………………… 48
　5.1 一般规定 ………………………………………………… 48
　5.2 荷载（作用）的取值 …………………………………… 48
　5.3 结构分析 ………………………………………………… 51

5.4 既有结构构件极限状态验算表达式 …………… 55
5.5 既有结构构件可靠性评定方法 ………………… 57
5.6 既有结构体系可靠性评定方法 ………………… 58
6 既有混凝土结构构件可靠性评定 ……………………… 62
　6.1 既有混凝土结构构件安全性评定 ……………… 62
　6.2 既有混凝土结构构件使用性评定 ……………… 62
　6.3 既有混凝土结构构件耐久性评定 ……………… 63
7 既有砌体结构构件可靠性评定 ………………………… 67
　7.1 既有砌体结构构件安全性评定 ………………… 67
　7.2 既有砌体结构构件使用性评定 ………………… 67
　7.3 既有砌体结构构件耐久性评定 ………………… 68
8 既有钢结构构件可靠性评定 …………………………… 69
　8.1 既有钢结构构件安全性评定 …………………… 69
　8.2 既有钢结构构件使用性评定 …………………… 69
　8.3 既有钢结构构件耐久性评定 …………………… 70
9 既有木结构构件可靠性评定 …………………………… 71
　9.1 既有木结构构件安全性评定 …………………… 71
　9.2 既有木结构构件使用性评定 …………………… 71
　9.3 既有木结构构件耐久性评定 …………………… 72
附录 A 既有建筑结构检测时的样本数量 ……………… 73
附录 B 混凝土中钢筋硬度的检测 ……………………… 75
附录 C 混凝土中氯离子或硫酸盐含量的检测 ………… 76
附录 D 碱骨料反应对混凝土结构影响的检测 ………… 80
附录 E 含氧化镁骨料对混凝土结构影响的检测 ……… 82
附录 F 混凝土中钢筋锈蚀状况的判断与检测 ………… 84
附录 G 既有结构构件现场荷载试验方法 ……………… 87
附录 H 构件权重计算实用方法 ………………………… 90
附录 J 目标工作年限内混凝土中钢筋最大锈蚀深度预测 …… 92
附录 K 锈蚀钢筋/预应力筋应力-应变关系模型 ……… 97

附录 L 锈蚀混凝土结构构件承载力及抗弯刚度计算方法 ………………………………………………… 102
附录 M 受腐蚀混凝土结构构件承载力计算方法 ………… 133
本标准用词说明 ……………………………………………… 137
引用标准名录 ………………………………………………… 138
标准上一版编制单位及人员信息 …………………………… 140
条文说明 ……………………………………………………… 141

Contents

1 General provisions ··· 1
2 Terms and symbols ··· 2
   2.1 Terms ··· 2
   2.2 Symbols ·· 5
3 Basic requirements ·· 9
   3.1 General requirements ······································· 9
   3.2 Working procedures and basic contents ················ 10
   3.3 Essential requirements ···································· 12
4 Structural inspection for existing buildings ···················· 14
   4.1 General requirements ······································ 14
   4.2 Sampling plan for structural inspection ················ 14
   4.3 Review and surveying of architectural and structural drawings ·· 16
   4.4 Foundation investigation and inspection ··············· 19
   4.5 Investigation of structural usage conditions and usage environment ·· 20
   4.6 Mechanical performance testing of structural materials ·· 21
   4.7 Structural damage and material performance degradation detection ····································· 33
   4.8 Post fire structural performance testing ··············· 39
   4.9 Building deformation measurement ···················· 40
   4.10 On site load testing of structures ······················ 41

4.11	Structural dynamic characteristic detection and damage identification	45
5	Analysis and reliability assessment method of existing building structures	48
5.1	General requirements	48
5.2	Value of load (action)	48
5.3	Structural analysis	51
5.4	Expression for limit state verification of existing structural components	55
5.5	Reliability assessment method for existing structural components	57
5.6	Reliability assessment method for existing structural systems	58
6	Reliability assessment of existing concrete structural components	62
6.1	Safety assessment of existing concrete structural components	62
6.2	Serviceability assessment of existing concrete structural components	62
6.3	Durability assessment of existing concrete structural components	63
7	Reliability assessment of existing masonry structural components	67
7.1	Safety assessment of existing masonry structural components	67
7.2	Serviceability assessment of existing masonry structural components	67
7.3	Durability assessment of existing masonry structural components	68

8 Reliability assessment of existing steel structural components ·············· 69
   8.1 Safety assessment of existing steel structural components ·············· 69
   8.2 Serviceability assessment of existing steel structural components ·············· 69
   8.3 Durability assessment of existing steel structural components ·············· 70
9 Reliability assessment of existing timber structural components ·············· 71
   9.1 Safety assessment of existing timber structural components ·············· 71
   9.2 Serviceability assessment of existing timber structural components ·············· 71
   9.3 Durability assessment of existing timber structural components ·············· 72
Appendix A Number of samples for inspection of existing building structures ·············· 73
Appendix B Testing the hardness of steel bars in concrete ·············· 75
Appendix C Detection of chloride ion or sulfate content in concrete ·············· 76
Appendix D Detection of the impact of alkali aggregate reaction on concrete structures ·············· 80
Appendix E Detection of the influence of magnesium oxide aggregate on concrete structures ·············· 82
Appendix F Judgment and detection of steel bar corrosion in concrete ·············· 84

Appendix G　On site load testing methods for existing structural components ·················· 87
Appendix H　Practical method for calculating component weights ··· 90
Appendix J　Prediction of the maximum corrosion depth of steel bars in concrete within the target working life ·· 92
Appendix K　Stress strain relationship models for corroded steel bars/prestressed steel bars ················ 97
Appendix L　Calculation methods for bearing capacity and flexural stiffness of a corroded reinforced concrete component ·································· 102
Appendix M　Calculation method for bearing capacity of an eroded concrete component ······················ 133
Explanation of wording in this standard ······················ 137
List of quoted standards ··· 138
Standard-setting units and personnel of the previous version ··· 140
Explanation of provisions ··· 141

1 总　则

1.0.1 为规范既有建筑结构检测工作，合理评定既有建筑结构的可靠性，制定本标准。

1.0.2 本标准适用于既有建筑结构性能的检测，以及既有建筑结构的安全性评定、使用性评定、在给定使用条件下的耐久性评定及剩余使用寿命预测。

1.0.3 既有建筑结构的检测与评定除应符合本标准的规定外，尚应符合国家、行业和本市现行有关标准的规定。

2 术语和符号

2.1 术 语

2.1.1 既有建筑 existing building
　　已建成可以验收的和已投入使用的建筑。
2.1.2 检测 inspection
　　为获取能反映建筑结构性能现状的信息和资料而进行的现场调查和测试活动。
2.1.3 评定 assessment
　　根据建筑已有资料、现场检测所获得的信息，以及室内试验得出的结果，对其结构进行计算及分析，最终明确给出结构性能评价结果的过程。
2.1.4 目标工作年限 target period of usage
　　根据建筑已工作年限、历史、现状和未来使用要求所确定的期望继续工作年限。
2.1.5 剩余使用寿命 residual service life
　　在已知或可预知环境下，不需要进行专门修复加固处理能保证结构安全性和使用性要求的最大后续工作年限。
2.1.6 抽样检测 sampling inspection
　　从母体中抽取一定数量样本，通过样本的性能反映母体性能的检测方法。
2.1.7 结构单元 structural unit
　　在整幢建筑中，具有独立的结构承重体系的总体。
2.1.8 检测单元 inspection unit
　　在结构单元中采用同样施工方法建造或相同加工工艺制作，

具有相同性能的对象的总体。

2.1.9 检测单体 inspection member

在检测单元中随机抽取的样本,可以是一个构件,也可以是构件的一部分。

2.1.10 评定单元 assessment unit

根据被评定既有建筑的结构特点或结构体系的不同而将其划分成一个或若干个可以独立进行评定的区段,每一区段为一个评定单元。

2.1.11 测区 testing zone

按检测方法的要求,在检测单体上布置的一个或若干个检测区域。

2.1.12 测点 testing point

按检测方法的要求,在测区内布置的一个或若干个检测点。

2.1.13 非破损检测 non-destructive test

不损伤原结构的检测方法。

2.1.14 局部破损检测 partially destructive test

对结构有局部的影响,但可修复的检测方法。

2.1.15 原位双砖双剪法 method of double shearing for double bricks on situ

在墙体上选取并排砌筑的两块顺砖进行双面受剪试验来测试砌体抗剪强度的方法。

2.1.16 混凝土碳化 carbonization of concrete

混凝土中碱性水化产物与环境中的二氧化碳作用,生成碳酸钙和其他物质而失去碱性环境的现象。

2.1.17 锈蚀 corrosion

金属材料由于水分和氧等的化学或电化学作用而产生的腐蚀现象。

2.1.18 风化 weathering

由于自然环境长期影响而造成的材料表面疏松剥落的现象。

2.1.19 蛀蚀 moth
白蚁等虫类吃食木材而引起的木材破坏现象。

2.1.20 线性分析 linear analysis
按照线性理论进行结构分析的方法。

2.1.21 非线性分析 non-linear analysis
考虑结构的非线性特性所采用的分析方法。

2.1.22 既有建筑结构的可靠性 reliability of an existing building structure
既有建筑结构安全性、使用性和耐久性的总称,目标工作年限内既有建筑结构是否可靠的标志。

2.1.23 既有建筑结构的安全性 safety of an existing building structure
目标工作年限内既有建筑结构能否满足承载力和整体稳定性要求的标志。

2.1.24 既有建筑结构的使用性 serviceability of an existing building structure
目标工作年限内既有建筑结构能否满足正常使用要求的标志。

2.1.25 既有建筑结构的耐久性 durability of an existing building structure
目标工作年限内考虑材料性能随时间退化对结构性能的影响,既有建筑结构能否满足安全性或使用性要求的标志。

2.1.26 荷载效应验算值 calculation value of load effect
进行结构安全性计算时按本标准规定的分项系数确定的荷载效应计算值。

2.1.27 承载力验算值 calculation value of bearing capacity
进行结构安全性计算时按本标准规定的分项系数确定的构件抗力(承载力)计算值。

2.2 符　号

A_{se}——锈蚀钢筋的等效截面积；

A_{sc}——目标工作年限内钢筋锈蚀后的截面面积；

A_{vi}——原位双砖双剪法检测砌体强度时单个检测面的面积；

a_{cc}——保护层锈胀损伤系数；

$[a_f]$——按现行国家标准《混凝土结构设计规范》GB 50010 确定的受弯构件的挠度限值；

a_{gi}——第 i 根钢筋锈后截面损失与工作能力降低对刚度的综合影响系数；

$[a_s]$——挠度允许值；

a_s^0——目标工作年限内在荷载标准值作用下的构件挠度实测值；

a_q^0——目标工作年限内荷载准永久值作用下的构件挠度实测值；

B_{sc}——钢筋锈蚀后受弯构件的短期刚度；

D——损伤指标；

E_s——钢材(筋)的弹性模量；

f_{2i}——第 i 个检测单体砂浆抗压强度；

f_b——钢材(筋)极限强度；

f_{bc}——锈蚀钢筋的极限强度；

f_c——混凝土棱柱体抗压强度；

f_{cuk}——混凝土立方体抗压强度标准值；

f_{mi}——第 i 个检测单体标准砌体抗压强度换算值；

f_{ui}——第 i 个检测单体槽间砌体抗压强度；

f_{uvi}——第 i 个检测单体标准砌体抗压强度；

f_{vi}——第 i 个检测单体标准砌体抗剪强度换算值；

f_{vui}——第 i 个检测单体抗剪强度检测值；

f_y——钢材(筋)的屈服强度;
f_{yc}——锈蚀钢筋的屈服强度;
g_k——材料或构件的单位自重标准值;
HLD——里氏硬度值;
K_0——结构无损伤时的初始刚度;
K_i——结构有损伤时的初始刚度;
k_c——混凝土碳化速度系数;
k_{ce}——局部环境系数;
k_{crl}——钢筋位置影响系数;
k_d——硫酸或硫酸盐腐蚀引起的混凝土强度损失系数;
k_s——锈蚀钢筋与混凝土间粘结强度降低系数;
k_{tl}——楼面活荷载标准值修正系数;
$l_{m,c}$——锈蚀钢筋混凝土梁受力裂缝平均间距;
M_k——目标工作年限内按荷载标准组合计算的弯矩值;
M_q——目标工作年限内按荷载准永久值组合计算的弯矩值;
n_m——回弹法现场检测砖强度时的回弹平均值;
n'_m——回弹法现场检测砖强度时修正后的回弹平均值;
p——单位质量混凝土中氯离子含量;
q_{cr}——试验中实测的开裂荷载;
q_k——目标工作年限内的荷载标准值;
T——既有结构的目标工作年限;
t_{cr}——混凝土中钢筋开始锈蚀至混凝土锈胀开裂的时间;
t_i——钢筋开始锈蚀的时间;
t_u——结构已经使用的年限;
w_b——锈胀裂缝宽度限值;
w_{SO_3}——混凝土中水溶性硫化物、硫酸盐的含量;
$w^0_{s,max}$——目标工作年限内荷载标准值作用下,受拉主筋处的最大裂缝宽度实测值;

Γ_k——每一层内处于各级的构件的权重总和；
α_s——锈蚀钢筋截面积损失和屈服强度降低综合系数；
δ——钢筋锈蚀深度；
δ_a——钢筋年锈蚀深度；
δ_0——实测钢筋锈蚀深度；
δ_{cr}——混凝土保护层锈胀开裂时的锈蚀深度；
δ_e——目标工作年限内最大锈蚀深度；
γ_R——结构构件抗力分项系数；
η_s——钢筋截面锈蚀率；
$\eta_{s,cr}$——屈服平台消失时钢筋临界截面锈蚀率；
ε_0——混凝土峰值应力对应的应变；
ε_{0t}——腐蚀混凝土峰值应力对应的应变；
ε_{cu}——混凝土的极限应变；
ε_{cut}——腐蚀混凝土的极限应变；
ε_{sc}——锈蚀钢筋的应变；
ε_{sh}——钢筋强化应变；
ε_{shc}——锈蚀钢筋的强化应变；
ε_{su}——钢筋的极限应变；
ε_{suc}——锈蚀钢筋的极限应变；
λ_0——保护层锈胀开裂前的钢筋锈蚀速度；
λ_1——保护层锈胀开裂后的钢筋锈蚀速度；
σ_{sc}——锈蚀钢筋的应力；
ε_{sy}——钢筋的屈服应变；
ε_{syc}——锈蚀钢筋的屈服应变；
θ——考虑荷载长期作用对挠度增大的影响系数；
ρ_c——锈蚀后纵向钢筋的配筋率；
$\rho_{te,c}$——按混凝土有效受拉面积计算的锈蚀纵向受力钢筋的配筋；
σ_c——混凝土应力；

$\sigma_{ss,c}$——裂缝处锈蚀钢筋的应力；
ξ_{01}——结构无损伤时第一阶阻尼比；
ξ_{i1}——结构有损伤时第一阶阻尼比；
ψ——钢筋未锈蚀混凝土构件裂缝间纵向钢筋应变不均匀系数；
ψ_c——钢筋锈蚀后混凝土构件裂缝间纵向钢筋应变不均匀系数；
ζ_{1i}——砌体强度换算系数；
ζ_{2i}——约束条件与尺寸效应系数；
ζ_{3i}——多孔砖砌体销钉效应系数；
ω_{ij}——第 ij 号构件的权重。

3 基本规定

3.1 一般规定

3.1.1 当出现下列情况之一时,应按本标准规定对既有建筑进行结构检测与可靠性评定:

1 建筑拟改变用途、改变使用条件或使用要求时。

2 拟对建筑进行加层、插层、扩建、顶升、移位或其他形式结构改造时。

3 建筑本身出现明显的变形、损伤或结构性能退化现象时。

4 建筑遭受灾害作用或相邻工程施工影响使建筑产生明显损伤、变形时。

5 由于设计、施工或使用原因而对建筑结构的性能产生有根据的怀疑并引起纠纷时。

6 出于保护要求,需要了解历史建筑的工作现状以及在目标工作年限内的可靠性时。

7 建筑超过设计工作年限或最近一次评定时确定的目标工作年限时。

8 其他需要进行既有建筑结构检测评定时。

3.1.2 既有建筑结构检测与评定的对象应为整幢建筑或按独立受力原则所划分的相对独立的评定单元;当仅对既有建筑的局部进行检测与评定时,应根据结构体系的构成情况和实际需要,分析结构局部性能或局部荷载变化对结构整体性能的影响。

3.1.3 对既有建筑结构进行结构检测与评定时,应进行调查、现场检测和计算分析,必要时还应进行监测、室内试验分析或现场荷载试验,对出现的问题应提出检测评定结论和处理建议。

3.1.4 在进行既有建筑结构检测与评定时,应首先确定建筑的目标工作年限。建筑的目标工作年限应由产权人、使用人、管理部门和检测评定机构等根据建筑已工作年限、历史、现状和未来使用要求确定。

3.2 工作程序和基本内容

3.2.1 既有建筑结构检测与可靠性评定工作的程序应按图3.2.1所示的框图进行。

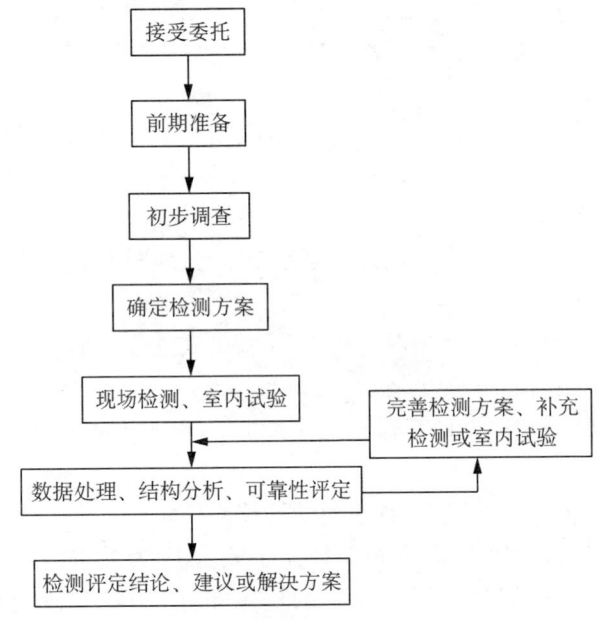

图3.2.1 既有建筑结构检测与可靠性评定工作程序

3.2.2 前期准备工作应包括了解检测对象、明确检测目的、成立检测项目组。

3.2.3 初步调查宜包括下列基本工作内容：

1 收集图纸资料，如工程地质勘察报告、建筑和结构的设计图纸和计算书、设计变更、沉降观测记录、施工记录、竣工图、竣工质监及验收文件、维修记录、历次加固改造图纸等。

2 了解建筑使用、损坏及修缮历史，如建筑的改造、维修、用途变更、使用条件改变以及是否受过灾害等。

3 调查现场基本情况，如资料的核对、建筑的实际使用条件、使用环境、已发现的问题、荷载调查、询问有关人员等。

3.2.4 既有建筑结构检测与可靠性评定工作的受托方应按具体要求和现场调查情况，明确检测范围和内容，确定目标工作年限，并制定可行的检测评定方案。

3.2.5 既有建筑的现场检测应包括建筑图和结构图的复核与测绘、结构体系和连接构造的调查、围护结构的现状检测、地基基础的调查与检测、使用功能和使用历史的调查、结构实际使用荷载的调查、结构使用环境的调查、结构材料性能的检测、结构损伤的检测、建筑变形的检测等。必要时，还应进行结构动力特性的测试以及结构或构件的现场荷载试验等。对具有保护要求的历史建筑或特别重要的建筑，宜根据有关规定进行专项检测。

3.2.6 结构分析的内容应包括计算模型的建立、荷载（作用）的调查与取值以及结构反应的计算分析。

3.2.7 结构的可靠性评定包括安全性评定、使用性评定、耐久性评定，应符合下列规定：

1 结构安全性评定应根据荷载效应和结构抗力的计算结果或现场试验结果对结构在目标工作年限内的安全性进行定量分析，以及根据结构体系及实际构造情况、变形和损伤情况等对结构的安全性进行定性分析，并对结构安全性进行综合评定。

2 结构使用性评定应根据变形、裂缝等的检测结果，对结构能否满足正常使用要求进行评定。

3 结构的耐久性评定应引入时间变量，考虑环境因素对结构性能的影响,对目标工作年限内结构能否满足安全性和使用性要求进行评定;或者在已知或可预知环境下对能满足建筑安全性和使用性要求的最大年限即剩余使用寿命进行预测。

3.2.8 检测评定结论应包括结构性能检测结果、损伤原因和结构的可靠程度。

3.2.9 建议或解决方案应包括使用维护建议和修复、加固、改造措施或方法。

3.3 基本要求

3.3.1 建筑结构检测所用的仪器、设备及测量工具应经计量检定或校准合格。仪器、设备及测量工具应在有效使用期内,其精度应满足检测项目的要求。

3.3.2 当发现检测、试验数据的数量不足或者数据出现异常时,应进行补充检测或试验。

3.3.3 建筑结构现场检测结束后,应对有损检测所造成的结构或构件的局部损伤进行修复,并应保证其修复后的承载能力不降低。

3.3.4 既有建筑结构分析的力学模型应能够反映结构受力实际情况,分析结果的精度应能够满足工程要求和可靠性评定的需要。

3.3.5 检测评定报告应包含下列基本内容:

    1 委托单位及建筑结构概况。

    2 检测评定的目的、范围和内容。

    3 使用、维修和改造历史,目标工作年限及后续使用要求。

    4 现场检测和室内试验的部位、方法、过程和结果及所用设备或仪器的名称和型号。

    5 计算分析和可靠性评定的依据、方法和结果。

    6 结论与建议。

    7 检测评定单位及检测评定人员的名单。

8 检测评定工作所依据的标准、规范及其他技术依据。

9 检测评定日期。

10 经现场复核或测绘的主要建筑图和结构图。

3.3.6 检测评定报告中应有经有关管理部门认可的技术负责人和项目负责人的签名,并应加盖检测评定单位的公章或报告专用章。

4 既有建筑结构检测

4.1 一般规定

4.1.1 既有建筑结构检测的内容、范围和深度应满足结构分析与可靠性评定的需要，应包括本标准第 3.2.5 条的内容；当发现检测数据或信息不足时，应进行补充调查与检测。

4.1.2 现场检测取样应选择具有代表性的部位，采取适合结构现状和现场作业的检测方法，并应确保检测取样不影响结构的安全。

4.1.3 当既有建筑的工程资料齐全时，应对建筑结构情况进行抽样检测与复核。当既有建筑的工程资料不齐全或经检测后与实际存在明显差异时，应对建筑结构情况进行全面检测与测绘。

4.2 结构检测抽样方案

4.2.1 既有建筑结构检测应以整幢建筑作为对象，将其划分成若干个独立进行结构分析的结构单元，每一结构单元又划分成若干个检测单元。材料性能检测时宜按检测单元进行检测，其他项目检测时可根据检测项目的特点选择不同的抽样方案。抽样方案应符合下列原则：

  1 按检测单元检测的项目，应进行随机抽样，且应满足本标准的抽样数量要求。

  2 对结构构件进行现场荷载试验时，对于同类构件宜选取受力较大、外观现状较差、所处环境恶劣、暴露缺陷较多的构件进行试验。

3 建筑图和结构图的复核与测绘宜采用全数普查、重点复核的方法。

4 结构损伤检测宜采用全数普查、重点抽查的方法。

5 沉降观测点的选取和布置应反映相对不均匀沉降对房屋整体结构的影响。

6 倾斜观测点的选取应能反映结构不同部位、不同方向上的倾斜。

7 动力特性测试测点的选取和布置应能反映结构关键部位在不同方向上的动力反应。

4.2.2 对结构几何尺寸的检测宜进行全数检测。当仅进行结构几何尺寸复核时,同类构件的抽样数量不宜少于 5 个,并取样本均值作为该几何尺寸的检测值。当样本(检测单体)检测结果不满足本标准附录 A 的精度要求时,应增加样本数量。

4.2.3 对材料强度的检测,除本标准另有条文规定外,同一检测单元中的抽样数量(检测单体数量)不应少于 5 个,样本应均匀分布于整个检测单元中并具有代表性。当样本的变异系数对钢材大于 0.10,对混凝土、砌体和木材大于 0.20 时,应首先分析导致离散性大的原因。若查明有不同检测单元的样本混入,应分别进行统计;若原因难以查明或由于同一检测单元本身原因所致,宜增加样本数量。当样本(检测单体)检测结果不满足本标准附录 A 的精度要求时,应增加样本数量。

4.2.4 对重要的或有工程质量争议的既有建筑进行结构检测时,可根据建筑的重要性、建造资料的完整情况、目前的使用状况等按现行国家标准《建筑结构检测技术标准》GB/T 50344 中的要求确定抽样数量。

4.2.5 在样本的统计分析中,不应随意剔除或者修正检测值。当怀疑检测数据有异常值时,应按下列规定进行判断和处理:

1 对检出的异常值,应寻找其技术上、物理上的产生原因,作为处理异常值的依据,有充分依据时,方可剔除或者修正;当原因不明时，应按现行国家标准《数据的统计处理和解释　正态样本离群值的判断和处理》GB/T 4883 的规定进行处理。

2 被检出的异常值及其处理方法、处理依据，应予记录备查。

3 剔除异常值后，宜补充检测值计入样本。

4.2.6 采用间接方法对结构进行检测时，宜采用直接检测方法对检测结果进行修正，具体可按国家标准《建筑结构检测技术标准》GB/T 50344—2019 附录 A 的方法或相关专门标准的规定执行。

4.3 建筑图和结构图的复核与测绘

（Ⅰ）建筑图的复核与测绘

4.3.1 当建筑图齐全时，应根据建筑的使用现状对原始图纸进行复核，包括整体全面复核和重点部位抽样复核。

4.3.2 当建筑图缺失或与现场有明显差异时，应根据建筑的使用现状对建筑图纸进行现场测绘。建筑测绘图的内容应包括建筑平面图、建筑立面图、建筑剖面图和关键建筑构造做法详图等。

4.3.3 建筑图可采用卷尺、水准仪、经纬仪、全站仪、激光测距仪等进行测绘。对复杂的建筑构造或建筑立面，也可采用三维激光扫描、无人机倾斜摄影测量、近景摄影测量等方法测绘。

4.3.4 建筑测绘图的绘制应符合建筑制图标准，宜满足下列要求：

1 建筑平面测绘图上应标明轴线的位置、建筑平面尺寸及细部尺寸、楼地面标高、建筑的平面功能和使用情况等。

2 建筑立面测绘图上应标明建筑门窗洞口的位置、建筑竖向的相关尺寸、建筑的高度等。

3 建筑剖面测绘图上应标明建筑门窗洞口的位置、建筑各层竖向间的相关关系、楼（屋）面标高、室内外标高、建筑各层的层高和总高度等。

4 对一般建筑细部大样测绘图应包括楼、地面以及墙面等的细部构造。对具有保护要求的历史建筑和特别重要的建筑,除应记录其楼、地面以及墙面等的细部构造外,还应测绘其有特色的、有历史意义的、受保护部位的细部大样。建筑的轴线尺寸和细部的平面尺寸应全数量测,且应用总尺寸复核各分段尺寸。

5 建筑的层高应全数量测,且应采用建筑的总高度复核各层的层高。

4.3.5 建筑图的复核与测绘应能满足对建筑恒荷载的调查要求,现场检测取样应有代表性。当有确切的设计资料时,可采用楼板厚度检测仪、卷尺、游标卡尺或三维激光扫描仪等对结构层和建筑构造层厚度进行复核;当无设计资料或资料不可信,或建筑经多次装修改造时,应通过局部剔凿或钻取芯样确定楼屋面板结构层和建筑构造层的构造做法及厚度。

（Ⅱ）结构图的复核与测绘

4.3.6 在进行结构图的复核与测绘前,应进行结构材料的辨识,钢木及砌体等材料应确认材料类型、主要规格尺寸等信息。

4.3.7 当结构图齐全时,应根据建筑的结构现状对原始图纸进行复核,包括整体全面复核和重点部位抽样复核。

4.3.8 当结构图缺失或与现场有明显差异时,应根据建筑的结构现状对结构图纸进行现场测绘。结构测绘图的内容应包括结构平面图、构件尺寸、截面形式、混凝土构件主要配筋形式、配筋量以及节点连接构造等。

4.3.9 结构图的复核与测绘应明确主体结构的类型和传力体系,并重点对结构体系和连接构造进行调查,以便于建立合理的结构分析计算模型并确定结构的整体牢固性;必要时,应对围护结构体系进行检测。结构体系和连接构造、围护结构体系的调查与检测宜满足下列要求:

1 结构体系和连接构造的调查，应包括结构平面布置、竖向和水平向承重构件、结构抗侧力作用体系、抗侧力构件平面布置的对称性、竖向抗侧力构件的连续性、有无错层、结构间的联系构造等，对砌体结构还应包括圈梁和构造柱体系。

2 围护结构体系的检测，应在查阅资料和普查的基础上，针对不同围护结构的特点进行重点部位、围护系统及其与主体结构连接构造的检测。

4.3.10 结构测绘图的绘制应符合结构制图标准，宜满足下列要求：

1 结构布置图上应标明结构构件的类别、编号及其相关关系。构件详图应标明构件的材料、形式和截面尺寸；混凝土构件配筋详图上应注明构件的截面尺寸、配筋形式、配筋量、保护层厚度等数值。节点连接详图应包含构件间的详细连接构造。

2 对确定的检测单元内构件的截面尺寸宜全数量测。对任一等截面构件应取 3 个不同的截面进行量测，以 3 个截面量测结果的平均值作为构件的截面尺寸代表值。

3 混凝土构件配筋情况的检测应包括钢筋种类、位置、数量和直径的检测。主要受力构件配筋情况的检测宜采用全数普查和重点抽查相结合的方法进行，用雷达波法或电磁感应法进行非破损普查，重点部位用凿开混凝土的方法进行抽查。当构件中遇到多排钢筋或密排钢筋时，宜凿开混凝土进行检查。钢筋检测应满足现行行业标准《混凝土中钢筋检测技术规程》JGJ/T 152 的有关要求。

4 混凝土构件节点的外部尺寸可用钢卷尺直接量测，节点内部的配筋和构件纵向受力钢筋在节点区域的锚固连接情况可用雷达波法或电磁感应法进行非破损检测。当节点区域的配筋密集时，可以凿开混凝土的保护层检查节点内部的配筋情况，但不应对节点处钢筋造成损伤。

5 钢结构的节点连接可用钢卷尺、游标卡尺量和焊缝检验尺量测焊缝尺寸或根据尺寸确定螺栓、铆钉型号。当节点外包有混凝土、砌体或其他装饰材料时，宜将其凿开，再进行检测，但不应对节点造成损伤。

6 木结构的节点连接可用钢卷尺和游标卡尺量测其细部构造尺寸。当节点外包有装饰材料时，应凿开装饰材料，再进行检测。

4.3.11 混凝土保护层厚度的检测应符合下列规定：

1 宜采用全数普查和重点抽查相结合的方法进行检测，采用雷达波法或电磁感应法进行非破损检测普查，用凿开混凝土保护层的方法进行校核和修正。

2 当对混凝土保护层厚度进行重点抽查检测时，应根据构件类型、工作条件、损伤状况及混凝土质量划分检测单元，每个检测单元的构件数不宜少于5个；当均匀性很差时，应增加检测样本。每个构件的测区数不应少于3个，测区应均匀布置；每个测区的测点数不应少于4个，钢筋位于角部时，宜量测双向的保护层厚度。梁底钢筋保护层厚度测点数应根据梁底外排钢筋数量确定。

3 保护层厚度取值应按构件类型，取平均值作为其代表值，并应给出最大和最小保护层厚度；当结构处于恶劣环境下时，应全数给出各测点的保护层厚度。

4.4 地基基础调查与检测

4.4.1 对既有建筑所处的地质情况有怀疑或拟改变用途、结构改造且预计地基反力明显增加时，应进行地质情况调查，调查内容包括地基土的类型、分布与工程特性；地质条件较复杂或调查资料明显不足时，宜进行工程地质勘察，或参考相邻工程的地质勘察资料。

4.4.2 当既有建筑基础结构图缺失或可信度不高时，宜对基础进行检测,检测内容包括基础的形式、截面尺寸与埋深、配筋情况、材料强度、损伤情况等。同类型基础检测时的测点数量应符合现行国家标准《建筑结构检测技术标准》GB/T 50344 的有关规定,且不宜少于 3 处。

4.4.3 条形基础或独立基础等浅基础可采用局部开挖的方法进行检测,筏板基础可采用探地雷达进行检测。基桩根据检测内容的不同可采用静载荷试验、低应变法、钻芯法、旁孔透射法、磁测桩法等进行检测,具体检测方法应按现行行业标准《既有建筑地基基础检测技术标准》JGJ/T 422 的有关规定执行。

4.5 结构使用条件和使用环境调查

4.5.1 既有建筑结构检测评定时,应对结构的使用条件和使用环境进行调查。

4.5.2 结构使用条件的调查应包括使用功能、结构上的作用、使用历史以及周边相邻工程影响等的调查。

4.5.3 结构使用环境调查应包括使用期间气象条件及工作环境调查、目标工作年限内气象条件及工作环境的预测、结构构件使用环境的分类等。

4.5.4 结构上的作用调查应结合检测评定内容对永久作用、可变作用和偶然作用进行调查。

4.5.5 建筑使用历史的调查应包括建筑设计与施工、用途和工作年限、历次检测、维修与加固、用途变更与改扩建以及遭受灾害和事故情况。

4.5.6 周边相邻工程的影响调查应包括基坑开挖、降水、大面积堆载、地铁或地下空间施工、桩基施工、河道清淤等相邻工程施工时间、工艺及附加影响范围和程度情况。

4.5.7 使用期间气象条件及工作环境调查应根据委托要求,开展下列调查:

1 大气年平均气温、月平均最高与最低气温。

2 大气年平均相对湿度、月平均最高与最低相对湿度。

3 年降雪量及冰冻、积雪时间。

4 构件所处局部工作环境的平均温度、平均湿度、温湿度变化以及干湿交替情况。

5 侵蚀性气体(SO_2、H_2S、HCL、CO_2、酸雾、盐雾等)、侵蚀性液体(油类、各类酸、碱、盐)和侵蚀性固体(硫酸盐、氯盐、硝酸盐等)含量及影响程度、影响范围。

6 冻融交替的情况。

7 承受冲刷、磨损情况。

8 其他影响耐久性的因素。

4.5.8 目标工作年限内气象条件及工作环境的预测,应结合本标准第4.5.2条、第4.5.3条和第4.5.7条的相关内容,对目标工作年限内建筑功能的变化、结构构件表面状态的变化、环境温湿度的变化、主要侵蚀物质含量的变化等进行预测分析。

4.6 结构材料力学性能检测

(Ⅰ) 混凝土材料力学性能检测

4.6.1 进行混凝土材料力学性能的检测时,可以整幢房屋为检测对象,对每一结构单元按房屋的楼层划分检测单元,也可按房屋构件的类型划分检测单元,在检测单元中抽取检测单体进行检测。

4.6.2 混凝土材料力学性能的检测宜包括强度检测和变形性能(弹性模量、峰值应变和极限应变)检测以及其他必要项目的检测。其中,材料强度应按本标准规定的方法进行检测,材料的变形性能可按测得的混凝土强度值,根据现行国家标准《混凝土结构设计规范》GB 50010的有关规定进行换算后确定。

4.6.3 混凝土强度宜采用超声回弹综合法、回弹法等非破损方法进行检测,也可采用钻芯法、拔出法进行检测。检测方法的选择应综合考虑结构特点、现状和现场检测条件。

4.6.4 对长龄期混凝土强度,宜采用超声回弹综合法进行检测;当不具备2个平行相对测试面时,也可用回弹法进行检测。经增大截面法加固处理构件的表层混凝土强度可用回弹法进行检测。相应的检测操作应按照现行上海市工程建设规范《结构混凝土抗压强度检测技术标准》DG/TJ 08—2020 或现行行业标准《回弹法检测混凝土抗压强度技术规程》JGJ/T 23 的规定进行。

4.6.5 当被测混凝土不适合采用超声回弹综合法、回弹法时,宜采用钻芯法。相应的操作应按照现行上海市工程建设规范《结构混凝土抗压强度检测技术标准》DG/TJ 08—2020 或现行行业标准《钻芯法检测混凝土强度技术规程》JGJ/T 384 的规定进行。

4.6.6 采用回弹法或超声回弹综合法检测混凝土强度时,若检测条件与相应测强曲线的适用条件有较大差异,应钻取混凝土芯样进行修正,每一检测单元芯样试件的数量宜为3个~6个。

4.6.7 对长龄期混凝土强度,当无法采用取芯法对回弹法检测结果进行修正时,其回弹法检测结果可按国家标准《民用建筑可靠性鉴定标准》GB 50292—2015 附录 K 的方法进行修正。

4.6.8 强度等级高于 C60 的高强混凝土强度检测应按现行上海市工程建设规范《高强混凝土抗压强度无损检测技术标准》DG/TJ 08—507 的规定进行。

4.6.9 遭受环境侵蚀或火灾、高温等影响时,构件中未受到影响部分混凝土的强度,可采用下列方法检测:

1 宜采用钻芯法检测,在加工芯样试件时,应将芯样上混凝土受影响层切除;切除厚度可分别按最大碳化深度、混凝土颜色产生变化的最大厚度、明显损伤层的最大厚度确定,也可按芯样侧表面硬度测试情况确定。

2 当混凝土受影响层能剔除时,可采用回弹法或回弹加钻芯修正的方法检测,但回弹测区的质量应符合相应技术规程的要求。

4.6.10 混凝土强度标准值宜按下列方法进行推定：

1 采用回弹法或超声回弹综合法检测混凝土强度时，若检测单体的数量少于 5 个，可取检测单体的最小混凝土强度推定值作为混凝土材料的强度标准值。若检测单体的数量不少于 10 个，混凝土材料的强度标准值应按式(4.6.10-1)确定。若检测单体的数量少于 10 个但不少于 5 个，混凝土材料的强度标准值应按式(4.6.10-2)确定。

$$f_{cuk} = m_{fcu} - 1.645 S_{fcu} \qquad (4.6.10\text{-}1)$$

$$f_{cuk} = \max \begin{cases} f_{cu,\min} \\ m_{fcu} - k_c S_{fcu} \end{cases} \qquad (4.6.10\text{-}2)$$

式中：m_{fcu}，S_{fcu}——分别为按 n 个检测单体计算得到的测区强度平均值和标准差；

$f_{cu,\min}$——检测单体的最小混凝土强度推定值；

k_c——计算系数，按表 4.6.10 取值。

当 $m_{fcu} < 25 \text{ N/mm}^2$ 且 $S_{fcu} > 4.5 \text{ N/mm}^2$ 或 $m_{fcu} \geq 25 \text{ N/mm}^2$ 且 $S_{fcu} > 5.5 \text{ N/mm}^2$ 时，则说明检测单元划分得不合适(所划分的检测单元不属于同一母体)，应重新划分检测单元。

表 4.6.10 计算系数 k_c 值

n	5	6	7	8	9	10	12	15
k_c	2.463	2.336	2.250	2.190	2.141	2.103	2.048	1.991
n	18	20	25	30	35	40	45	50
k_c	1.951	1.933	1.895	1.869	1.849	1.834	1.821	1.811

2 采用钻芯法检测混凝土强度时，混凝土材料的强度标准值宜按式(4.6.10-2)确定。

(Ⅱ) 砌体材料力学性能检测

4.6.11 当进行砌体材料力学性能检测时，可以整幢建筑为检测对象,对每一结构单元按建筑的楼层划分检测单元。如已知砌体材料的设计强度等级,当单层建筑面积不超过 300 m² 时,可将具有相同设计强度等级的几个楼层看作是一个检测单元,在检测单元中抽取检测单体进行检测。

4.6.12 砌体材料力学性能的检测主要包括强度检测和变形性能(弹性模量、峰值应变和极限应变)检测。其中,材料强度应按本标准建议的方法进行检测;材料变形性能可按本标准建议的方法现场检测,也可按现场检测获得的砌体强度标准值,根据现行国家标准《砌体结构设计规范》GB 50003 的有关规定进行换算后确定。

4.6.13 砌体材料的强度检测可分直接法和间接法。直接法是在现场直接检测砌体的抗压和抗剪强度。间接法是通过检测砌筑块材和砂浆的强度来计算砌体的强度。

4.6.14 采用直接法检测砌体的强度时,每个检测单元的抽样数量(检测单体数量)不宜少于 3 个。采用间接法检测砌体的强度时,每检测单元的抽样数量(检测单体数量)不宜少于 5 个;同一检测单元内的总建筑面积不大于 300 m² 时,抽样数量(检测单体数量)可适当减少,但不应少于 3 个。

4.6.15 砌体强度宜采用现场原位检测方法进行检测,也可现场取样按现行国家标准《砌体工程现场检测技术标准》GB/T 50315 检测砌体强度,但应保证结构安全。

4.6.16 采用直接法检测时,烧结普通砖砌体的抗压强度宜采用原位轴压法或扁顶法检测,烧结多孔砖砌体的抗压强度宜采用原位轴压法检测;烧结普通砖或烧结多孔砖砌体的抗剪强度宜采用原位双砖双剪法检测。相应的检测要求及数据分析,除本节有特殊的规定外,应按现行国家标准《砌体工程现场检测技术标准》GB/T 50315 的规定执行。

4.6.17 采用原位轴压法检测烧结普通砖或烧结多孔砖砌体的抗压强度时,槽间砌体抗压强度应按下列公式换算为标准砌体抗压强度：

$$f_{ui} = N_{ui}/A_i \quad (4.6.17\text{-}1)$$

$$f_{mi} = f_{ui}/\zeta_{1i} \quad (4.6.17\text{-}2)$$

$$\zeta_{1i} = 0.353 + 0.175 f_{ui} \quad (4.6.17\text{-}3)$$

式中：f_{ui}——第 i 个检测单体槽间砌体抗压强度（N/mm²）；
  N_{ui}——第 i 个检测单体槽间砌体的受压破坏荷载值（N）；
  A_i——原位轴压法检测砌体强度时，第 i 个检测单体槽间砌体的受压面积（mm²）；
  f_{mi}——第 i 个检测单体标准砌体抗压强度换算值（N/mm²）；
  ζ_{1i}——砌体强度换算系数，小于 1.15 时取 1.15。

4.6.18 采用原位双砖双剪法检测烧结普通砖或多孔砖砌体的抗剪强度时，应采用释放受剪面上部应力的试验方案（图 4.6.18），标准砌体抗剪强度换算值应按下列公式计算：

$$f_{vui} = N_{vi}/2A_{vi} \quad (4.6.18\text{-}1)$$

$$f_{vi} = f_{vui}/\zeta_{2i}\zeta_{3i} \quad (4.6.18\text{-}2)$$

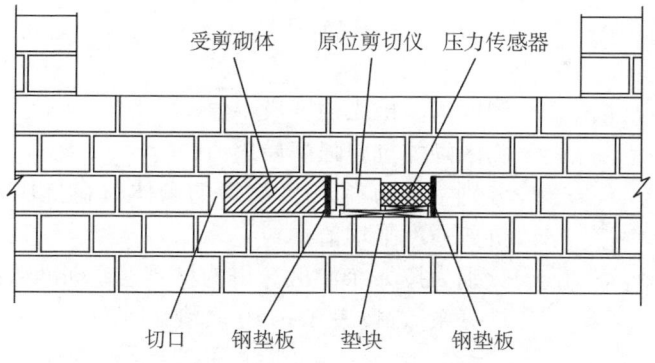

图 4.6.18 原位双砖双剪法检测示意

式中：f_{vui}——第 i 个检测单体抗剪强度检测值（N/mm²）；
　　　N_{vi}——第 i 个检测单体剪切破坏荷载值（N）；
　　　A_{vi}——单个剪切面的面积（mm²）；
　　　f_{vi}——第 i 个检测单体标准砌体抗剪强度换算值（N/mm²）；
　　　ζ_{2i}——约束条件与尺寸效应系数，取 1.5；
　　　ζ_{3i}——多孔砖砌体销钉效应系数，对普通砖砌体取 1，对多孔砖砌体取 $\zeta_{3i}=1.686-0.578f_{vui}$。

4.6.19 采用直接法检测砌体强度时，按本节方法测得同一单元中每个检测单体的砌体强度后，其强度标准值宜按下列方法进行推定：

1 当某一检测单元内测区的数量小于 5 时，可取测区抗压强度、抗剪强度的最小值分别作为该单元砌体抗压强度和抗剪强度的标准值。

2 当某一检测单元内测区的数量不小于 5 时，该测区砌体抗压强度标准值和抗剪强度的标准值按式（4.6.19）确定。

$$f_{mk}=\max\begin{cases}f_{mi,\min}\\ m_{fm}-k_{m}S_{fm}\end{cases} \quad (4.6.19\text{-}1)$$

$$f_{vk}=\max\begin{cases}f_{vi,\min}\\ m_{fv}-k_{m}S_{fv}\end{cases} \quad (4.6.19\text{-}2)$$

式中：$f_{mi,\min}$——测区砌体抗压强度最小值；
　　　$f_{vi,\min}$——测区砌体抗剪强度最小值；
　　　m_{fm}，m_{vm}——分别为按 n 个测区算得的砌体材料抗压强度、抗剪强度平均值；
　　　S_{fm}，S_{vm}——分别为按 n 个测区算得的材料强度标准差；
　　　k_{m}——计算系数，按表 4.6.19 取值。

表 4.6.19 计算系数 k_m 值

n	5	6	7	8	9	10	12	15
k_m	2.005	1.947	1.908	1.880	1.858	1.841	1.816	1.790
n	18	20	25	30	35	40	45	50
k_m	1.773	1.764	1.748	1.736	1.728	1.721	1.716	1.712

4.6.20 采用间接法检测时,砌筑砂浆强度的检测宜采用点荷法和贯入法;也可采用推出法、回弹法及原位双砖双剪法。相应的检测要求和数据分析,除本节有特殊的规定外,应按现行国家标准《砌体工程现场检测技术标准》GB/T 50315 及现行行业标准《贯入法检测砌筑砂浆抗压强度技术规程》JGJ/T 136 的规定执行。

4.6.21 当按第 4.6.18 条的要求采用原位双砖双剪法测得砌体的抗剪强度时,可按式(4.6.21)推算砂浆的抗压强度:

$$f_{2i} = 64 f_{vi}^2 \qquad (4.6.21)$$

式中:f_{2i}——第 i 个检测单体砂浆抗压强度(N/mm²);

f_{vi}——第 i 个检测单体标准砌体抗剪强度换算值(N/mm²),按式(4.6.18-2)计算。

4.6.22 采用贯入法检测砂浆抗压强度应符合下列要求:

1 贯入法适用于检测抗压强度为 0.4 N/mm² ~ 16 N/mm² 之间的水泥砂浆或水泥石灰混合砂浆。

2 采用贯入法检测强度低于 2 N/mm² 的砂浆或强度超过 12 N/mm² 的砂浆或龄期超过 20 年的砂浆时,宜采用原位双砖双剪法检测砌体的抗剪强度,按式(4.6.21)推算的砂浆强度进行校核与修正。

3 表面严重粗糙不平且无法磨平,或砂浆饱满度很差时,不得采用贯入法检测。

4 对于水泥石灰混合砂浆,根据计算所得平均贯入深度,按式(4.6.22)换算成砂浆抗压强度：

$$f_{2i} = 611.47 d_i^{-3.0589} \quad (4.6.22)$$

式中：f_{2i}——第 i 个检测单体的砂浆抗压强度（N/mm²）；

　　　d_i——第 i 个检测单体的平均贯入深度（mm）。

4.6.23 采用回弹法检测砂浆抗压强度应符合下列要求：

1 回弹法适用于检测抗压强度为 2 N/mm² ~ 16 N/mm² 之间的水泥砂浆或水泥石灰混合砂浆。

2 采用回弹法检测强度超过 7.5 N/mm² 的砂浆以及使用龄期超过 20 年的砂浆时，宜采用原位双砖双剪法检测砌体的抗剪强度，按式(4.6.21)推算的砂浆强度进行校核与修正。

3 表面严重粗糙、不平且无法磨平，或砂浆饱满度很差时，不得采用回弹法。

4.6.24 砂浆强度低于 2 N/mm² 时，不得使用回弹法及点荷法检测砌筑砂浆强度。

4.6.25 采用间接法检测砂浆强度时，按本节方法测得同一单元中每个检测单体的砂浆强度后，其强度标准值宜按下列方法进行推定：

1 当某一检测单元内测区的数量小于 5 时，可取测区砂浆抗压强度的最小值作为该检测单元内砂浆抗压强度标准值。

2 当某一检测单元内测区的数量不小于 5 时，该检测单元内砌体的抗压强度标准值按式(4.6.25)确定。

$$f_{2k} = \min \begin{cases} 1.33 f_{2i,\min} \\ m_{f2} \end{cases} \quad (4.6.25)$$

式中：$f_{2i,\min}$——测区砂浆抗压强度最小值；

　　　m_{f2}——按 n 个测区算得的砂浆砌体抗压强度平均值。

4.6.26 采用间接法检测时，砌筑块材的强度可采用取样检测，取样位置应与砌筑砂浆强度的检测位置相对应。检测方法应采用与块材相应的现行国家标准《砌体工程现场检测技术标准》GB/T 50315、《烧结普通砖》GB/T 5101、《烧结多孔砖和多孔砌块》GB 13544、《蒸压加气混凝土砌块》GB/T 11968等。

4.6.27 采用间接法检测普通砖和多孔砖的强度时,可根据现行国家标准《砌体工程现场检测技术标准》GB/T 50315的规定采用回弹法进行检测。当检测回弹值小于30或为历史建筑的普通砖强度时,宜根据本标准按下列步骤进行:

1 在砖的一个长240 mm的条面上,按测点间距为20 mm测试10个回弹值。

2 计算该10个回弹值的平均值 n_m。

3 由式(4.6.27),得到修正后的平均值 n'_m:

$$n'_m = 0.84 n_m + 2.13 \quad (4.6.27)$$

4 用修正后的平均值 n'_m,按照现行行业标准《回弹仪评定烧结普通砖强度等级的方法》JC/T 796的方法评定烧结普通砖的强度等级。

4.6.28 砌体块材的强度也可根据现行国家标准《建筑结构检测技术标准》GB/T 50344的要求采用回弹法结合取样修正的方法进行检测。

4.6.29 石材或粉煤灰砌块强度可采用钻芯法或切割成立方体试块进行抗压试验的方法进行检测,其中钻芯法检测方法宜按照现行行业标准《钻芯法检测混凝土强度技术规程》JGJ/T 384的规定进行。

4.6.30 对普通砖砌体,采用直接法检测砌体的弹性模量时,可采用扁顶法,相应的操作应按照现行国家标准《砌体工程现场检测技术标准》GB/T 50315的规定进行。

4.6.31 砌体弹性模量的代表值宜按国家标准《砌体工程现场检

测技术标准》GB/T 50315—2011 第5.4.3条的规定确定。

4.6.32 遭受环境侵蚀或火灾、高温等影响时，砌体的强度应采用取样的方法或现场原位的方法进行检测。

（Ⅲ）钢材（钢筋和型钢）力学性能检测

4.6.33 钢材力学性能检测应包括对各种结构中钢筋、型钢及钢板（钢构件）焊接接头及螺栓连接件的强度、变形性能及其他必要力学性能的检测。进行钢材力学性能检测时，可以整幢建筑为检测对象，对每一结构单元按同类构件同一规格的钢材划分检测单元，在检测单元中抽取检测单体进行检测。

4.6.34 钢材力学性能宜采用在结构受力较小的部位切取试样直接试验的方法进行检测；若无法切取试样，也可采用表面硬度法等非破损或微破损法进行检测。

4.6.35 在已有结构构件上切取试样时，应保证所取试样具有代表性，并不应危及结构安全和正常使用。应保证所切取试样的原始自然状态不受扰动，防止塑性变形、硬化等作用改变其性能。用焰切取样时，切口距试件成型边线宜大于20 mm，并大于钢材厚度或直径。

4.6.36 采用切取试样法检测时，应测定钢材屈服点、抗拉强度和伸长率（均匀伸长率）；若结构可靠性评定分析需要，可增加钢材冷弯和冲击功测试项目。

4.6.37 锈蚀钢材或遭受火灾等影响的钢材力学性能，宜采用取样的方法进行检测。

4.6.38 当工程档案资料中有钢材品质记录资料时，可按原资料确定钢材的力学性能指标。若虽有钢材品质记录资料，但对钢材的性能持怀疑态度时，可切取试样检测。取样数量、取样方法、试验方法和评定标准应符合表4.6.38的规定。

表 4.6.38 钢材力学性能检验项目和方法

检验项目	取样数量（个/检测单元）	取样方法	试验方法	评定标准
屈服点、抗拉强度、伸长率	1	《钢及钢产品力学性能试验取样位置及试样制备》GB/T 2975	《金属材料 拉伸试验 第1部分：室温试验方法》GB/T 228.1	《碳素结构钢》GB/T 700 《低合金高强度结构钢》GB/T 1591 其他钢材产品标准
冷弯	2		《金属材料 弯曲试验方法》GB/T 232	
冲击功	3		《金属材料 夏比摆锤冲击试验方法》GB/T 229	

4.6.39 当工程档案资料中没有钢材品质记录资料时，每检测单元应抽取3个试样进行拉伸试验，取试验结果的平均值作为钢材的力学性能指标。

4.6.40 采用表面硬度法推定钢材强度时，每检测单元应取3个检测单体，每个检测单体上可取1个测区。以3个检测单体中测区的平均值作为钢材硬度的代表值，由现行国家标准《黑色金属硬度及相关强度换算值》GB/T 1172换算钢材的抗拉强度。钢材的屈服强度可按屈强比推定。

4.6.41 采用表面硬度法推定混凝土中钢筋强度时，每检测单元应取3个检测单体，每个检测单体上可取1个测区。钢筋的硬度可按本标准附录B进行测定。最后以3个检测单体中测区的平均值作为钢筋硬度的代表值。

4.6.42 测得钢筋的里氏硬度值后，钢筋强度标准值可按下列方法推定：

1 普通钢筋的极限强度标准值可按式(4.6.42-1)计算，钢筋的屈服强度标准值可按屈强比推定。

2 历史建筑中带肋圆钢的屈服强度标准值可按式(4.6.42-2)计算，极限强度标准值可按式(4.6.42-1)计算。

3 历史建筑中竹节方钢的屈服强度标准值可按式(4.6.42-3)

计算,极限强度标准值可按式(4.6.42-4)计算。

$$f_b = 0.952 \times HLD + 167 \quad (4.6.42\text{-}1)$$

$$f_y = 1.425 \times HLD - 125 \quad (4.6.42\text{-}2)$$

$$f_y = \begin{cases} 2.668 \times HLD - 688 & HLD \geqslant 360 \\ 272 & HLD < 360 \end{cases} \quad (4.6.42\text{-}3)$$

$$f_b = \begin{cases} 6.734 \times HLD - 2100 & HLD \geqslant 360 \\ 324 & HLD < 360 \end{cases} \quad (4.6.42\text{-}4)$$

式中:HLD——里氏硬度值。

4.6.43 钢结构焊接接头的力学性能检测宜采用切取试样直接试验的方法。取样时尽量采用机械切削的方法。采用热切割时,切割面离试件边缘的距离不得少于8 mm,并随切割速度的减小和切割厚度的增大而增大。焊接接头的动力学性能可依据现行国家标准《金属材料焊缝破坏性试验 冲击试验》GB/T 2650的规定测得。焊接接头的静力抗拉性能和抗剪性能可依据现行国家标准《金属材料焊缝破坏性试验 横向拉伸试验》GB/T 2651的规定测得。

4.6.44 钢结构螺栓连接件的力学性能宜采用现场取样试验确定。

(Ⅳ)木材力学性能检测

4.6.45 进行木材力学性能检测时,可以整幢建筑为检测对象,对每一结构单元按同类构件同类木材划分检测单元,在检测单元中抽取检测单体进行检测。

4.6.46 木材的强度和弹性模量可根据树种和产地按照现行国家标准《木结构设计标准》GB 50005的有关规定确定。当木材的材质或外观与同类木材有显著差异时(如容重过小、灰色)或树种、产地不能确定,且结构上可以取样时,应按本节规定取样检测,确定木材的力学性能。

4.6.47 在每个检测单元中随机抽取3个检测单体,在每个检测单体木材髓心以外的部分按弦向抗弯试件的要求切取3个试件,按现行国家标准《木材抗弯强度试验方法》GB 1936.1进行弦向抗弯强度试验,并将试验结果换算到含水率为12%的数值。

4.6.48 以同一检测单体中3个试件的换算强度平均值作为检测单体的强度代表值,用3个检测单体中的最小强度代表值作为木材的强度标准值。

4.6.49 当被测建筑中无法切取木材试样,且木材的材质或外观与同类木材有显著差异时,可根据木材的材质、材种、材性和使用条件、使用部位、工作年限等情况进行综合分析,强度标准值宜按现行国家标准《木结构设计标准》GB 50005规定的相应木材的强度乘以折减系数0.6~0.8,弹性模量宜按现行国家标准《木结构设计标准》GB 50005规定的相应木材的弹性模量乘以折减系数0.6~0.9。

4.6.50 当被检测建筑中无法切取试样,且又无法按照现行国家标准《木结构设计标准》GB 50005确定木材的强度时,可根据结构在使用期内已经承受的最大荷载反算木材的强度。

4.7 结构损伤及材料性能劣化检测

(Ⅰ)混凝土结构损伤及材料性能劣化检测

4.7.1 混凝土结构损伤检测应包括外观缺陷的检测、内部缺陷的检测、裂缝的检测等,混凝土结构材料性能劣化检测应包括混凝土碳化深度的检测、在恶劣环境下混凝土腐蚀的检测、钢筋锈蚀的检测等。

4.7.2 混凝土结构构件外观缺陷的检测宜包括蜂窝、露筋、孔洞、夹渣、疏松、连接部位缺陷、外形缺陷、外表缺陷等的检测。检测可采用目测与量测相结合的方法进行。检测宜为全数普查,特殊条件下也可采用随机抽样方式进行,但抽样数量不宜少于同类构件的30%。检测结果可按现行国家标准《混凝土结构工程施工质量验收规范》GB 50204的要求,按照严重缺陷和一般缺陷记录。对严重缺陷处还应详细记录缺陷的部位、范围等信息,以便在抗力计算时考虑缺陷的影响。

4.7.3 混凝土结构构件内部缺陷的检测应包括内部不密实区和孔洞、混凝土二次浇筑形成的施工缝与加固修补结合面的质量、表面损伤层厚度、混凝土各部位的相对均匀性等的检测。检测方法可采用超声法。抽样数量宜与混凝土强度检测时的抽样数量相同,可与混凝土强度检测结合进行。仅检测混凝土内部缺陷且当混凝土表面有较明显外观缺陷时,抽样数量不宜少于同类构件的30%。

4.7.4 混凝土构件裂缝的检测宜包括裂缝表面特征和裂缝深度两项内容。检测数量宜为全数普查,特殊条件下也可采用随机抽样方式进行,但抽样数量不宜少于同类构件的30%。裂缝表面特征检测应包括裂缝的部位、扩展特征、表面宽度和数量等,可采用目测、卷尺量测、读数显微镜、裂缝宽度检验规等传统检测方法,也可采用基于计算机视觉的裂缝检测方法。每条裂缝应沿裂缝延伸方向量测不少于3个裂缝表面宽度,取其最大值作为该条裂缝表面宽度值。裂缝的深度可用超声法检测。检测结果应绘制成裂缝分布图并标记典型裂缝的宽度。

4.7.5 混凝土碳化深度可采用喷射酚酞的方法进行测试,具体方法按现行行业标准《回弹法检测混凝土抗压强度技术规程》JGJ/T 23执行。当混凝土碳化深度检测与回弹法测强相结合时,单个构件30%的回弹测区代表性位置均应设置碳化深度测点。当仅为混凝土碳化深度检测时,单个构件碳化深度测点数不应少于3处。对每个检测构件,取测点的平均值作为碳化深度的代表值。

4.7.6 当既有建筑混凝土结构处于海洋环境,或除冰盐等其他

氯化物环境,或怀疑混凝土构件中含有氯离子时,应按下列要求检测混凝土中氯离子含量及其侵入深度:

1 混凝土中氯离子如属掺入型,则仅需检测混凝土中氯离子含量;如属于外渗型,则需检测混凝土由表及里的氯离子含量分布,从而判断侵入深度。

2 在混凝土中氯离子含量及其侵入深度检测时,根据工作条件及混凝土质量划分检测单元,每个检测单元的样本数应不少于3个,当均匀性很差时应增加检测样本。

3 混凝土中氯离子含量可采用钻芯检测,芯样直径100 mm,长度50 mm～100 mm。将混凝土芯样破碎后剔除大颗粒骨料,研磨至全部通过0.08 mm筛子,用磁铁吸出试样中的金属铁屑,置于105℃～110℃烘箱中烘干2 h,取出后放入干燥皿中冷却至室温,然后按本标准附录C采用硝酸银滴定法或硫氰酸钾溶液滴定法检测单位质量混凝土中的氯离子含量,再根据配合比可换算为氯离子占水泥重量的百分比。

4 混凝土中氯离子含量分布或侵入深度可采用钻芯切片法或分层取粉法进行检测:

    1) 钻芯切片法:在抽样检测位置钻取长100 mm～150 mm的芯样,然后将芯样切割成厚5 mm～10 mm的薄片,每一薄片按照本条第3款测定其氯离子含量。

    2) 分层取粉法:用取粉机由表及里向内分层研磨,每隔1 mm、2 mm、5 mm或10 mm磨粉一次,然后测定粉末的氯离子含量。

    3) 取几个同层样品氯离子含量实测值的平均值作为该层中点氯离子含量的代表值,绘出沿深度变化的氯离子浓度分布规律曲线。

4.7.7 混凝土中硫酸盐含量及其侵入深度检测时的测区布置、试样制取参照本标准第4.7.6条,混凝土中硫酸盐含量可按本标准附录C采用硫酸钡重量法测定。

4.7.8 当怀疑混凝土结构中发生了碱骨料反应的损伤破坏时，可按本标准附录 D 进行检测。

4.7.9 混凝土结构存在含氧化镁骨料隐患时，可按本标准附录 E 进行检测。

4.7.10 混凝土结构中钢筋锈蚀状况的判断与检测可按本标准附录 F 进行。

（Ⅱ）钢结构损伤及性能劣化检测

4.7.11 钢结构构件损伤检测应包括构（杆）件变形及损伤的检测、连接的变形及损伤的检测等；钢结构材料性能劣化检测应包括钢材涂装与锈蚀检测等。

4.7.12 具有防火要求的结构构件应检查防火措施的完备性及有效性，采用涂料防火的结构构件应全数检查涂层的外观质量和完整性，对涂层防火性能有怀疑时应请专业检测机构进行检测。

4.7.13 对构（杆）件变形的检测应采用观察和量测的方法全数检查杆件弯曲变形和板件凹凸等变形情况，也可采用三维激光扫描技术和图像识别方法检测变形情况。

4.7.14 对承受重复荷载、冲击荷载以及在低温环境中的结构应检查裂缝情况。先采用观察法或橡皮木锤敲击法全数普查；当有怀疑时，用渗透法重点复查。采用渗透法检查时，被检查部位的表面及其周围 20 mm 范围内应用砂轮和砂纸打磨光滑；再用清洗剂将表面清洗干净，干燥后喷涂渗透剂；10 min 后，用清洗剂将表面多余的渗透剂清除；最后喷涂显示剂，停留 10 min～30 min 后，观察裂缝情况。

4.7.15 钢结构的连接包括焊接连接、螺栓（铆钉）连接、高强螺栓连接。现场检测宜对连接节点进行全数检查，如条件不允许也可采取抽样检测的方法，但每一检测单元的抽样比例不得低于 30%。

4.7.16 对于焊接连接，应检查连接板变形损伤、锈蚀损伤、焊缝开裂损伤等。连接板的变形损伤和锈蚀损伤可采用观察法检测,焊缝的开裂和内部缺陷可采用超声波探伤检测。超声波探伤方法和焊缝内部缺陷分级应符合现行国家标准《焊缝无损检测 超声检测 技术、检测等级和评定》GB/T 11345 的规定。

4.7.17 对连接质量有怀疑时,可截取试样进行焊接接头的力学性能检验。焊接接头力学性能检验分成拉伸、面弯和背弯,每种焊接接头的拉伸、面弯和背弯检验各取 2 个试样,取样和试验方法按现行国家标准《金属材料焊缝破坏性试验 横向拉伸试验》GB/T 2651 和《焊接接头弯曲试验方法》GB 2653 的规定进行。

4.7.18 对于螺栓(铆钉)连接,应检查连接板滑移变形、螺栓(铆钉)松动断裂和脱落;对于高强螺栓连接,还应检查螺栓终拧标志。

4.7.19 螺栓(铆钉)松动断裂可采用锤击的方法检查;对于高强螺栓连接,可采用放松—重新紧固法评估螺栓拉力水平,必要时,可进行再生螺栓检验。

4.7.20 已进行防锈涂装的构件应全数检查涂层的完整性;对于发生锈(腐)蚀的构件(杆件、板件),应逐一测定构件锈(腐)蚀的深度和范围。

4.7.21 未涂装钢构件应全数检查钢材的锈蚀状况;对于锈蚀严重的构件,应逐一测定构件的锈蚀深度和范围。

(Ⅲ)砌体结构损伤及材料性能劣化检测

4.7.22 砌体结构构件损伤检测应包括裂缝、平面外弓凸的检测等,砌体结构材料性能劣化检测应包括块体的风化和砂浆的粉化、腐蚀等。砌体结构构件的损伤及材料性能劣化检测可采用全数普查和重点抽查的抽样方案。

4.7.23 砌体结构构件开裂的位置、形式和裂缝走向可采用观察的方法确定,裂缝的宽度可采用游标卡尺、读数显微镜、裂缝宽度检验规等进行检测,每条裂缝应沿裂缝延伸方向量测不少于 3 个裂缝表面宽度数值，取其最大值作为该条裂缝表面宽度值。裂缝长度可用卷尺量测。如砌体结构构件表面有粉刷层，应将粉刷层凿去，再作检测。

4.7.24 砌体结构弓凸的检测应记录弓凸的范围及位置，采用卷尺或全站仪量测平面外凸出的尺寸，并对弓凸范围内墙体开裂情况进行检测。

4.7.25 块体的风化和砂浆的粉化、腐蚀情况应先用目测或图像识别方法进行普查；粉化、腐蚀严重处，应逐一测定构件的粉化、腐蚀深度和范围。

（Ⅳ）木结构损伤及材料性能劣化检测

4.7.26 木结构损伤检测应包括构件的损伤检测、构件连接节点的损伤检测。木结构构件损伤的检测应包括木材疵病、裂缝的检测；木结构材料性能劣化检测主要为构件腐蚀的检测。木结构构件及构件连接节点在不同工作环境中的损伤及材料性能劣化均应逐根、逐个检查。

4.7.27 构件疵病的检测应包括木节、斜纹和扭纹等，可采用外观检查和量尺检测，具体方法参见现行国家标准《木结构工程施工质量验收规范》GB 50206 和《建筑结构检测技术标准》GB/T 50344 及现行行业标准《木结构现场检测技术标准》JGJ/T 488。

4.7.28 木结构构件裂缝检测应包括裂缝宽度、裂缝长度和裂缝走向。构件的裂缝走向可用目测法确定。裂缝宽度可采用游标卡尺、读数显微镜、裂缝宽度检验等进行检测；裂缝长度可用卷尺量测；裂缝深度可用探针测量，有对面裂缝时取两次量测的结果之和作为裂缝的深度。

4.7.29 构件腐蚀应包括木质的腐朽和蛀蚀，可采用外观检查或用锤击法检测，确定构件的腐蚀范围和构件截面的削弱程度。

4.7.30 构件连接节点损伤应包括连接松动变形、滑移、剪切面开裂、铁件锈蚀等，可采用外观检查或用量尺和探针进行检测。

4.8 火灾后结构性能检测

4.8.1 既有建筑火灾后结构性能的检测应在调查火灾作用的基础上,对结构受火灾后的损伤程度、材料性能、结构变形、节点连接状况等进行全面检测。

4.8.2 火灾作用的调查应包括对火灾温度、作用时间、火灾过程、火场残留物及火灾影响区域的全面调查及推断。

4.8.3 火灾后结构损伤程度应全数普查,并应按损伤的严重程度分为五种状态:未受影响、表层灼烧损伤、构件损伤、构件破坏、局部坍塌。火灾后结构损伤应按下列方法进行检测:

1 火灾后混凝土结构的损伤检测主要包括对烧伤层厚度及程度的检测,可采用表观检测法、锤击法、钻芯法、超声法、红外热像法、热发光法、电化学分析法等进行检测。当烧伤严重时,应对混凝土构件的残余变形进行检测。

2 火灾后钢结构的损伤检测主要包括防火保护层的受损情况、残余变形与撕裂、局部屈曲与扭曲以及构件的整体变形等。检测方法主要为目测或采用常规的测量工具进行测量。

3 火灾后砌体结构的损伤检测主要包括外观损伤(高温冷却后引起的剥落)、裂缝和构件的变形,检测方法主要为目测或采用常规的量测工具进行测量。

4 火灾后木结构的损伤检测主要是采用常规的量测工具量测木构件及其连接节点中非碳化区域的尺寸。

4.8.4 火灾后结构材料性能的检测应采用现场取样或原位测试等直接方法进行检测。如现场条件不允许采用直接法检测,可采用间接法检测或根据温度场推定结构材料性能指标,并宜通过局部取样进行修正。

4.8.5 火灾后结构变形、节点连接状况的检测,除应对火灾影响范围内的构件进行全数普查,还应对火灾影响区域和未受影响区域交界范围内的构件进行重点检测。

4.9 建筑变形检测

4.9.1 建筑变形检测应包括建筑的沉降检测、建筑的倾斜(水平位移)检测、水平构件的挠度检测、竖向构件的垂直度检测和节点的变形检测。

4.9.2 当建筑上已设有沉降观测点并保存完好,且有原始沉降观测资料时,可利用已有的沉降观测点和原始沉降观测资料进行沉降检测,以求得建筑的绝对沉降值以及各测点间的相对沉降值。

4.9.3 当建筑上未设沉降观测点,或虽设有沉降观测点但大都损坏,或已有的沉降观测点完好但原始沉降观测资料遗失时,可选取房屋施工时处于同一水平面的标志面(如未作改建或装修的窗台面、楼面及女儿墙顶面等)作为基准面,在该基准面上布置观测点量测建筑的相对沉降,为建筑结构性能评估提供辅助依据。基准面上的观测点应按下列原则布置:

  1 若基准面选为未作改建或装修的窗台面,则每个窗台面上应布置1个观测点。

  2 若基准面选为楼面或女儿墙顶面,则建筑的四角、大转角处及沿外墙每5 m~10 m或每根柱处应设观测点。

  3 若建筑上有因不均匀沉降引起的裂缝,则在裂缝的两侧应设置观测点。

  4 建筑任何一边的测点数不宜少于3个。

4.9.4 建筑的沉降宜用水准仪测量,量测数据的处理、相对沉降的计算和相关的技术要求可按现行行业标准《建筑变形测量规范》JGJ 8执行。

4.9.5 建筑的倾斜检测,应测定建筑顶部相对于底部或各层间上部相对于下部的水平位移,分别计算整体或各层的倾斜度并确定倾斜方向。

4.9.6 从建筑的外部观测其整体倾斜时,宜选用经纬仪或电子全站仪进行观测;利用建筑顶部与底部之间的竖向通视条件(如电梯井)观测时,宜选用吊垂球法、激光铅直仪观测法、激光位移计自动观测法或正垂线法。不同方法的测点布置、技术要求和数据分析可参考现行行业标准《建筑变形测量规范》JGJ 8。

4.9.7 建筑相对沉降和整体倾斜的检测结果应相互复核验证。

4.9.8 构件和节点的变形值可采用抽样方法进行检测,每个检测单元的抽样比例不宜低于30%。

4.9.9 水平构件的挠度宜采用水准仪或激光测距仪进行检测,选取构件支座及跨中的若干点作为测点,量测构件支座与跨中的相对高差,利用该相对高差计算构件的挠度。

4.9.10 竖向构件(如柱)的垂直度应采用经纬仪或电子全站仪进行检测,测定构件顶部相对于底部的水平位移,计算倾斜度并记录倾斜方向。

4.9.11 对装配式混凝土结构、钢结构、木结构及砌体结构连接节点的变形情况,可用卷尺、卡尺等器具直接量测。

4.9.12 当需对复杂结构的变形进行检测时,可采用三维激光扫描方法对结构进行扫描,通过点云数据分析获得并确定结构的变形量。

4.10 结构的现场荷载试验

4.10.1 当需要通过试验检验既有混凝土结构受弯构件(如梁、楼板、屋面板、阳台板)等的承载力、刚度或抗裂度等结构性能时,或对结构的理论计算模型进行验证时,可进行非破坏性的现场荷载试验。对于钢结构体系及木结构体系也可进行非破坏性现场荷载试验，检验结构的性能。

4.10.2 进行现场荷载试验的结构构件应具有代表性，且宜位于受荷最大、结构性能最薄弱的部位。

4.10.3 在采取可靠安全措施的条件下，可对结构局部或某一构件按本标准附录 G 的方法进行短期静力加载试验，以检验结构构件的受力性能。

4.10.4 在有可靠安全措施的条件下，混凝土结构受弯构件的承载力检验时，应按下列规定进行：

  1 试验时的最大荷载值（包括自重）取目标工作年限内的荷载验算值的 1.6 倍。

  2 目标工作年限内的荷载验算值取荷载的标准值乘以荷载分项系数，目标工作年限内荷载标准值应按本标准第 5.2 节的有关规定确定，荷载分项系数应参照本标准第 5.4.3 条的有关规定选用。

  3 在最大试验荷载作用下，构件未出现表 4.10.4 中的任一条破坏标志，说明构件在目标工作年限内的荷载作用下能满足承载力要求。

  4 在最大试验荷载作用下或最大试验荷载作用之前，构件出现表 4.10.4 中的任一条破坏标志时，说明构件在目标工作年限内的荷载作用下不能满足承载力要求。此时，可按本标准附录 G.0.8 条确定承载力检验荷载实测值，并根据表 4.10.4 中建议的方法推算构件在目标工作年限内能够承受的荷载验算值。

  5 若构件在试验中发生破坏，试验结束后应及时更换或加固试验构件。

表 4.10.4　混凝土受弯构件的破坏标志及目标工作年限内能承受的荷载验算值

破坏形态	破坏标志		能承受的荷载验算值
受弯破坏	弯曲挠度达到跨度的1/50或悬臂长度的1/25	混凝土强度等级低于C60，且采用有明显屈服点的钢筋作为主筋	承载力检验荷载实测值/1.20
		混凝土强度等级不低于C60，或采用无明显屈服点的钢筋作为主筋	承载力检验荷载实测值/1.35
	受拉主筋处的最大裂缝宽度达1.5mm或钢筋应变达0.01	混凝土强度等级低于C60，且采用有明显屈服点的钢筋作为主筋	承载力检验荷载实测值/1.20
		混凝土强度等级不低于C60，或采用无明显屈服点的钢筋作为主筋	承载力检验荷载实测值/1.35
	受压区混凝土被破坏	混凝土强度等级低于C60，且采用有明显屈服点的钢筋作为主筋	承载力检验荷载实测值/1.30
		混凝土强度等级不低于C60，或采用无明显屈服点的钢筋作为主筋	承载力检验荷载实测值/1.50
	受拉主筋拉断		承载力检验荷载实测值/1.60
受剪破坏	腹部斜裂缝宽度达到1.5mm，或斜裂缝末端受压混凝土剪压破坏		承载力检验荷载实测值/1.40
	沿斜截面混凝土斜压破坏，或沿着斜截面出现斜拉裂缝，有混凝土撕裂		承载力检验荷载实测值/1.45
	有沿构件叠合面接槎面出现的剪切裂缝		承载力检验荷载实测值/1.45
钢筋的锚固、连接失效	受拉主筋锚固失效，主筋端部滑移达到0.2mm，或受拉主筋搭接连接头滑移，传力失效		承载力检验荷载实测值/1.50
	受拉主筋搭接脱离或在焊接、机械连接处断裂，传力中断		承载力检验荷载实测值/1.60

4.10.5 混凝土受弯构件的挠度检验时,应按下列规定进行:

$$a_s^0 \leqslant [a_s] \quad (4.10.5-1)$$

$$[a_s] = \frac{M_k}{M_q(\theta-1)+M_k}[a_f] \quad (4.10.5-2)$$

式中:a_s^0——目标工作年限内荷载标准值作用下构件挠度实测值;
$[a_s]$——挠度允许值;
$[a_f]$——按现行国家标准《混凝土结构设计规范》GB 50010 确定的受弯构件的挠度限值;
M_k——目标工作年限内按荷载标准组合计算的弯矩值;
M_q——目标工作年限内按荷载准永久组合计算的弯矩值;
θ——考虑荷载长期作用对挠度增大的影响系数,按现行国家标准《混凝土结构设计规范》GB 50010 确定。

目标工作年限内的荷载标准值应按本标准第 5.2 节的要求确定,目标工作年限内的荷载标准组合和准永久值组合的计算应按本标准第 5.4.5 条的要求进行。

4.10.6 对一般钢筋混凝土受弯构件,若挠度不满足式(4.10.5-1)和式(4.10.5-2)的要求,可按下列规定进行检验:

$$a_g^0 \leqslant [a_s] \quad (4.10.6-1)$$

$$[a_s] = \frac{1}{\theta}[a_f] \quad (4.10.6-2)$$

式中:a_g^0——目标工作年限内荷载准永久值作用下构件挠度实测值。

4.10.7 混凝土受弯构件的抗裂度检验时,应满足式(4.10.7)的要求:

$$\frac{q_{cr}}{q_k} \geqslant 1.05 \quad (4.10.7)$$

式中:q_{cr}——试验中实测的开裂荷载(包括自重);

q_k——目标工作年限内的荷载标准值(包括自重)。

4.10.8 混凝土受弯构件的裂缝宽度检验时,应满足式(4.10.8)的要求:

$$w_{s,\max}^0 \leqslant [w_{\max}] \quad (4.10.8)$$

式中:$w_{s,\max}^0$——目标工作年限内荷载标准值下,受拉主筋处的最大裂缝宽度实测值(mm);

$[w_{\max}]$——构件的最大裂缝宽度允许值,应按表 4.10.8 取用。

表 4.10.8 混凝土受弯构件现场荷载试验时最大裂缝宽度允许值(单位:mm)

设计要求的最大裂缝宽度限值	0.2	0.3	0.4
$[w_{\max}]$	0.20	0.25	0.30

4.10.9 对钢结构体系以及木结构体系,现场试验荷载不宜超过正常使用短期荷载标准值,根据试验与理论分析结果综合评价结构的性能。

4.11 结构动力特性检测与损伤识别

4.11.1 对重要和大型的公共建筑结构或当动力特性对结构的可靠性评估起重要作用时,宜进行动力检测,确定结构的动力特性。

4.11.2 动力检测应符合下列基本规定:

1 激励方式宜采用天然脉动条件下的环境激励方式,测试时应避免外界机械、车辆等引发的振动。

2 拾振器应选用适用于测试各类建筑(构筑物)的位移、速度、加速度传感器。

3 在结构可能出现的最大响应处应布置测点。对于规则结构,以测试平动振动为主,测试时拾振器应安放在典型楼层靠近质心位置；若仅关注单向动力反应,应沿主方向布置测点。对于不规则结构,除测试平动振动外,尚应在典型楼层的平面端部位置设置拾振器,测试结构的扭转振动。若关注空间动力反应,应沿三个主方向布置测点。测点的布置应能保证获得结构主振振型的形状。

  4 拾振器与楼(屋)面之间应有良好的接触,不应有架空隔热板等隔离层,并应可靠固定。

  5 采样频率宜根据振动的模态频率确定,当拾振器的测量频率范围超过分析频率时,应加抗混迭滤波器,滤波器的截止频率应大于分析频率。

  6 每种工况的正式采集时间不宜小于 30 min,采样频率宜大于所关心最高结构频率的 10 倍。

4.11.3 为剔除外界干扰频率的影响,结构自振频率的检测宜依据位置测试数据进行综合分析与判定：

  1 由所记录的时域振动曲线经傅立叶变换后的功率谱函数出现陡峭峰值的位置。

  2 不同楼层输出测点信号的互功率谱函数相位角接近 0°或 180°的位置。

  3 不同楼层输出测点信号的互功率谱函数相干函数值为 0.8～1.0 的位置。

  4 振动模态符合理论振动模态的位置。

4.11.4 确定结构固有频率后,用不同测点在固有频率处位移响应的比,可以得到结构振型；当有噪声时,结构振型宜采用按式(4.11.4)多次平均后的互功率谱与自功率谱之比。

$$\frac{A_{im}}{A_{in}}=\frac{\sqrt{G_m(f_i)}}{\sqrt{G_n(f_i)}}=\left|\frac{G_{mn}(f_i)}{G_{nn}(f_i)}\right| \qquad (4.11.4)$$

式中：A_{im},A_{in}——第 i 阶固有频率处 m、n 测点的振型幅值；
$G_m(f_i)$,$G_n(f_i)$——第 i 阶固有频率处 m、n 测点的自功率谱函数值；

$G_{mn}(f_i)$, $G_{nn}(f_i)$——第i阶固有频率处m、n测点相对n测点的互功率谱函数值。

4.11.5 结构的阻尼比可采用半功率点法计算。

4.11.6 结构的损伤可基于其频率、振型或其他对损伤敏感的动力反应特征的变化进行识别。

4.11.7 结构全局损伤程度宜采用整体损伤指标衡量。整体损伤指标可按式(4.11.7)计算：

$$D = 1 - \frac{f_{d1}^2}{f_{01}^2} \quad (4.11.7)$$

式中：f_{d1}——既有结构的基本频率，通过现场动力测试确定。

f_{01}——结构原有的基本频率。当结构建成投入使用时有动力测试记录且使用过程中结构的荷载未发生变化时，f_{01}取原有的动力测试记录；当无原始动力测试记录或虽有原始动力测试记录但使用荷载或结构形式发生变化时，按结构原有的几何、物理特性和使用荷载情况建立动力计算模型计算f_{01}。

D——整体损伤指标。

4.11.8 结构的损伤位置可通过结构振型变化、振型因子变化、曲率振型变化和各阶频率平方变化等进行识别。

5 既有建筑结构分析与可靠性评定方法

5.1 一般规定

5.1.1 既有建筑结构的可靠性评定应包含目标工作年限内结构的安全性评定、使用性评定和耐久性评定。

5.1.2 既有建筑结构构件应采用基于目标工作年限的极限状态验算法评定其可靠性。必要时可按本标准第 4.10 节的方法,根据现场荷载试验来评价单个构件在目标工作年限内的可靠性。

5.1.3 既有建筑结构体系可靠性应在构件可靠性的基础进行评定。

5.2 荷载(作用)的取值

5.2.1 恒荷载标准值应按下列规定取值:

    1 材料和构件的自重标准值,应根据构件和连接的实际尺寸,按材料或构件的单位自重标准值计算确定。材料或构件的单位自重标准值应按现行国家标准《建筑结构荷载规范》GB 50009 的规定采用。

    2 对现行国家标准《建筑结构荷载规范》GB 50009 中尚未规定单位自重标准值的材料或构件,或者对该材料或构件的单位自重标准值有怀疑时,应通过现场实测确定材料或构件的单位自重。

    3 现场实测的样本应具有代表性,试样切取方法和材料力学性能检测试样切取类似,抽样数不应少于 5 个,对试样按标准方法称量后按下列规定确定荷载标准值:

        1)当荷载效应对结构不利时:

$$g_k = \mu_g + k\sigma_g \quad (5.2.1\text{-}1)$$

式中：g_k——材料或构件单位自重的标准值；
　　　μ_g——试样按标准方法称量后得到的样本单位自重平均值；
　　　σ_g——试样按标准方法称量后得到的样本单位自重标准差；
　　　k——与抽样数量 n 有关的推定系数，见表 5.2.1。
　2）当荷载效应对结构有利时：

$$g_k = \mu_g - k\sigma_g \qquad (5.2.1\text{-}2)$$

表 5.2.1　材料或构件单位自重标准值推定系数 k 值

n	k	n	k	n	k	n	k
5	0.95	10	0.58	15	0.45	20	0.39
6	0.82	11	0.55	16	0.44	25	0.34
7	0.73	12	0.52	17	0.42	30	0.31
8	0.67	13	0.49	18	0.41	35	0.29
9	0.62	14	0.47	19	0.40	40	0.27

5.2.2　民用建筑楼（屋）面活荷载的标准值应按现行国家标准《建筑结构荷载规范》GB 50009 或《工程结构通用规范》GB 55001 的规定取值，并根据结构或构件的目标工作年限 T，按表 5.2.2 中所列的修正系数予以调整。

表 5.2.2　楼（屋）面活荷载标准值的修正系数 k_{t1}

目标工作年限 T（年）	10	20	30	40	50	60	70	80	90	100
修正系数 k_{t1}	0.85	0.91	0.95	0.98	1.00	1.02	1.03	1.05	1.06	1.07

注：对表中未列出的中间值，可按线性插值确定。当 $T<10$ 年时，按 $T=10$ 年确定 k_{t1}。

5.2.3　工业建筑的楼（屋）面活荷载和吊车荷载应按现行国家标准《建筑结构荷载规范》GB 50009 或《工程结构通用规范》GB 55001 的规定取值，并根据结构或构件的目标工作年限对活荷载进行调整。

5.2.4　上海地区基本风压可根据结构或构件的目标工作年限 T 按表 5.2.4 采用。

表 5.2.4　上海地区基本风压

目标工作年限 T(年)	10	20	30	40	50	60	70	80	90	100
基本风压(kN/m²)	0.40	0.46	0.50	0.52	0.55	0.56	0.57	0.58	0.59	0.60

注：对表中未列出的中间值，可按线性插值确定。当 $T<10$ 年时，按 $T=10$ 年确定。

5.2.5 上海地区基本雪压可根据结构或构件的目标工作年限 T 按表 5.2.5 采用。

表 5.2.5　上海地区基本雪压

目标工作年限 T(年)	10	20	30	40	50	60	70	80	90	100
基本雪压(kN/m²)	0.100	0.145	0.172	0.190	0.200	0.217	0.227	0.235	0.243	0.250

注：对表中未列出的中间值，可按线性插值确定。当 $T<10$ 年时，按 $T=10$ 年确定。

5.2.6 计算地震作用时应符合下列规定：

1 地震作用应按现行上海市工程建设规范《建筑抗震设计标准》DG/TJ 08—9 的方法确定。

对 7 度设防区，相应于不同目标工作年限，水平地震影响系数的最大值可按表 5.2.6-1 确定。

表 5.2.6-1　水平地震影响系数的最大值

目标工作年限 T(年)	10	20	30	40	50	60	70	80	90	100
多遇地震	0.036	0.055	0.066	0.074	0.080	0.090	0.099	0.107	0.114	0.119
设防地震	0.097	0.154	0.188	0.212	0.230	0.259	0.283	0.305	0.322	0.338
罕遇地震	0.231	0.324	0.380	0.420	0.450	0.497	0.536	0.572	0.601	0.626

注：1）本条只适用于既有一般工程、小型工程和临时工程的抗震性能评估，重大工程和优秀历史建筑的相应设防烈度应根据专门研究或相关标准确定。

2）对表中未列出的中间值，可按线性插值确定。当 $T<10$ 年时，按 $T=10$ 年确定。

2 对 7 度设防区，相应于不同目标工作年限，时程分析所用地震加速度时程曲线的最大值可按表 5.2.6-2 确定。

表 5.2.6-2　时程分析所用地震加速度时程曲线的最大值(cm/s^2)

目标工作年限 T(年)	10	20	30	40	50	60	70	80	90	100
多遇地震	16	24	29	32	35	40	43	47	50	52
设防地震	43	68	83	93	100	114	125	134	142	149
罕遇地震	102	143	168	185	200	219	237	252	265	276

注：1) 本条只适用于既有一般工程、小型工程及临时工程的抗震性能评估，重大工程和优秀历史建筑的相应设防烈度应根据专门研究或相关标准确定。
　　2) 对表中未列出的中间值，可按线性插值确定。当 $T<10$ 年时，按 $T=10$ 年确定。

5.2.7 局部振动作用可采用动测法确定：在局部振动区域按结构质量分布情况布置加速度传感器，记录结构的加速度响应，并根据所记录的加速度最大值和相应位置处的质量按动力学原理确定局部振动作用。

5.3　结构分析

5.3.1 既有建筑结构的结构分析可采用理论计算、模型试验、现场试验或计算机仿真等方法。

5.3.2 结构分析时应考虑环境对材料、构件和结构性能的影响以及结构的累积损伤的影响，包括湿度对木材性能的影响，高温对钢结构性能的影响，裂缝对钢筋混凝土构件刚度的影响，锈蚀对钢筋混凝土构件及钢构件的影响等。

5.3.3 结构分析时，应根据结构的具体情况采用一维、二维或三维的计算模型，并应符合既有建筑结构的实际工作状况、传力机制和构造状况。

5.3.4 历史建筑结构分析时，可根据实际情况按下列要求考虑非结构构件对结构反应的影响：

　　1　当钢结构外包砌体或素混凝土时，计算时可考虑外包部分对主体结构受力性能的影响。

2 钢框架结构、混凝土框架结构和传统木结构,可考虑砌体填充墙的刚度和强度贡献,按等效剪切刚度的原则进行计算模型调整及分析。

3 现浇钢筋混凝土楼屋盖中的楼屋面梁,可考虑相邻楼板的贡献,受压区有效翼缘宽度按现行国家标准《混凝土结构设计规范》GB 50010 确定。

5.3.5 复杂结构计算分析时应符合下列规定:

1 混凝土框架与砌体结构、钢结构相连时,应考虑两种不同性质结构共同工作性能。

2 板柱结构应充分考虑楼板平面外刚度的贡献。

3 加固改造后的结构,应充分考虑加固部分应力滞后的特点,对其承载能力进行适当折减。

4 对于少墙框架,应分别按纯框架和框架剪力墙结构计算并进行包络综合分析。

5 对砌体结构的转角墙及小墙肢,应综合考虑相邻墙肢的共同作用及小墙肢实际受力情况,必要时进行精细化的数值分析。

6 对于烟囱、水塔、筒仓、风机基础、门式刚架、高耸与复杂钢结构等,应满足相应规范的有关要求。

5.3.6 既有建筑出现变形和结构损伤时,应分析变形和损伤原因、充分考虑变形和损伤对结构受力性能的影响,并符合下列规定:

1 当出现地基不均匀沉降且平均倾斜率超过现行上海市工程建设规范《地基基础设计标准》DGJ 08—11 关于地基容许变形值的有关要求时,应考虑不均匀沉降对结构内力分布的影响。

2 当上部结构的平均倾斜率超过现行国家标准《民用建筑可靠性鉴定标准》GB 50292 中不适于承载的侧向位移和现行国家标准《工业建筑可靠性鉴定标准》GB 50144 中结构侧向位移的有关规定时,应考虑整体倾斜对结构受力性能的影响。

3 当出现结构损伤时,应考虑构件刚度退化导致的内力重分布。混凝土中钢筋发生锈蚀时,应考虑锈蚀后钢筋力学性能退化、混凝土与钢筋之间粘结性能退化及构件破坏模式的转化。

5.3.7 当结构按承载能力极限状态验算时,根据材料和结构对作用的反应,可采用线性、非线性或塑性理论验算。当结构按正常使用极限状态验算时,可采用线性理论验算;必要时,可采用非线性理论验算。

5.3.8 结构按承载能力极限状态验算和按正常使用极限状态验算时,应按本标准规定的作用(荷载)对结构的整体进行作用(荷载)效应分析;必要时,尚应对结构中受力复杂区进行细化的有限元分析。

5.3.9 当结构在其目标工作年限的不同阶段有多种受力状况时,应分别进行结构分析,并确定其最不利的作用效应组合。

5.3.10 必要时可对结构在极端外部作用下(如强烈地震、爆炸、冲撞等)的倒塌反应进行计算机仿真分析。

5.3.11 结构分析所需的各种几何尺寸、材料性能、连接性能应根据实际调查检测结果取值。

5.3.12 结构分析中所采用的各种简化和近似假定,应有理论或试验依据,或经工程实践验证。所采用的计算简图应符合既有结构的实际工作状况和构造状况。计算结果的准确程度应符合工程精度的要求。

5.3.13 钢筋混凝土构件从受拉区混凝土开裂到钢筋屈服,其截面抗弯刚度与初始抗弯刚度之比的上下限可按表 5.3.13 取值。实测中如发现钢筋混凝土构件开裂,可根据裂缝的部位和宽度按下列原则确定合适的刚度比,并符合下列规定:

1 当裂缝宽度为 0.05 mm 时,取 B_1/B_0。

2 当裂缝宽度为 0.3 mm 时,取 B_2/B_0。

3 当裂缝宽度介于 0.05 mm 和 0.3 mm 之间时,按线性插值确定 B_2/B_0。

表 5.3.13 钢筋混凝土构件截面抗弯刚度与初始抗弯刚度的关系

混凝土立方体抗压强度 (N/mm²)	函数关系式			
	$\dfrac{B_1}{B_0}=\dfrac{1}{a_1+\dfrac{b_1}{\rho}}$（上限）		$\dfrac{B_2}{B_0}=\dfrac{1}{a_2+\dfrac{b_2}{\rho}}$（下限）	
	a_1	b_1	a_2	b_2
20	0.65	0.49	1.27	0.65
25	0.63	0.56	1.15	0.77
30	0.61	0.65	1.10	0.88
50	0.59	0.84	1.06	1.15

注：1 $\dfrac{B_1}{B_0}$—开裂后割线刚度与初始刚度之比，当 $\dfrac{B_1}{B_0}>1$ 时，取 $\dfrac{B_1}{B_0}=1$；

$\dfrac{B_2}{B_0}$—钢筋屈服时割线刚度与初始刚度之比，当 $\dfrac{B_2}{B_0}>0.6$ 时，取 $\dfrac{B_2}{B_0}=0.6$；

ρ—截面受拉钢筋的配筋率(%)。

2 对表中未列出的中间值，可按线性插值确定。

5.3.14 在进行结构动力分析时，可根据动力实测结果对结构的初始刚度和阻尼比进行修正，并符合下列规定：

1 可按本标准第4.11.7条识别出结构的整体损伤指标 D（当 $D=0$ 时表示结构无损伤，当 $D=1$ 时表示结构完全破坏）。

2 结构的初始刚度可按式(5.3.14-1)进行修正。

3 结构的阻尼比可按式(5.3.14-2)进行修正。

$$K_i=(1-D)K_0 \qquad (5.3.14\text{-}1)$$

$$\xi_{i1}=\dfrac{2-D}{2\times(1-D)}\xi_{01} \qquad (5.3.14\text{-}2)$$

式中：K_i——结构有损伤时的初始刚度；

K_0——结构无损伤时的初始刚度；

ξ_{i1}——结构有损伤时的第一阶阻尼比；

ξ_{01}——结构无损伤时的第一阶阻尼比。

5.4 既有结构构件极限状态验算表达式

5.4.1 既有建筑结构构件在目标工作年限内的目标可靠指标应按现行国家标准《建筑结构可靠性设计统一标准》GB 50068 的规定取值。

5.4.2 对于承载能力极限状态,应按荷载效应的基本组合或偶然组合进行荷载效应组合,应采用式(5.4.2)进行验算:

$$\gamma_0 S \leqslant R/\gamma_R \qquad (5.4.2)$$

式中:γ_0——结构重要性系数,按现行国家标准《建筑结构可靠性设计统一标准》GB 50068 的规定取值。

　　S——荷载效应组合的验算值,应符合现行国家标准《建筑结构荷载规范》GB 50009 或《工程结构通用规范》GB 55001 的有关规定,其中基本组合的荷载分项系数按本标准第 5.4.3 条采用。

　　γ_R——结构构件抗力分项系数,按表 5.4.2 的规定取值。

　　R——结构构件抗力的验算值,应按各有关建筑结构设计规范关于抗力标准值的计算方法进行计算。计算所需的几何尺寸应采用实测值,并应考虑锈蚀、腐蚀、腐朽、虫蛀、风化、局部缺陷或缺损以及施工偏差等的影响;材料强度应进行现场实测,按本标准第 4.6 节的相关规定确定其标准值。特殊情况下,如果原设计文件有效,且不怀疑结构有严重的性能退化及设计、施工偏差,可采用原设计的标准值。

表 5.4.2 既有建筑结构构件抗力分项系数 γ_R

构件类型	受力状态	分项系数 γ_R
混凝土结构构件	轴心受拉	1.13
	轴心受压	1.23

续表5.4.2

构件类型	受力状态	分项系数 γ_R
混凝土结构构件	小偏心受压	1.23
	大偏心受压	1.14
	受弯	1.13
	受剪	1.57
	受扭	1.47
砖砌体结构构件	轴心受压	1.50
	偏心受压	1.82
	受弯	1.41
	受剪	1.44
木结构构件	受弯	1.14
	轴心受压	1.14
	轴心受拉	1.14
钢结构构件	轴心受压	1.15
	轴心受拉	1.15
	偏心受压	1.11
	偏心受拉	1.11
	受弯	1.11
薄壁型钢结构构件	轴心受压	1.16
	轴心受拉	1.16
	偏心受压	1.12
	偏心受拉	1.12
	受弯	1.12

5.4.3 基本组合的荷载分项系数,应按下列规定采用:
　　1 永久荷载的分项系数:
　　　　1)当其效应对结构不利时:对由可变荷载效应控制的组合,应取1.0;对由永久荷载效应控制的组合,应取1.2;

2）当其效应对结构有利时,应取 0.6。

　2 可变荷载的分项系数:一般情况下应取 1.3;对标准值大于 4 kN/m² 的工业建筑楼面结构的活荷载应取 1.2。

5.4.4 当遇到下列情况之一时,结构构件的评定,尚应按正常使用极限状态的要求进行计算分析和验算:

　1 检测困难或只能取得部分数据,需通过计算分析进行评定。

　2 为改变建筑用途、使用条件或使用要求而进行的评定。

　3 为房屋改造而进行的评定。

5.4.5 对于正常使用极限状态,应根据不同的评定要求,采用荷载的标准组合、频遇组合或准永久组合,并按式(5.4.5)进行验算:

$$S_k \leqslant C \tag{5.4.5}$$

式中:S_k——通过计算或实测获得的结构或结构构件的变形、裂缝宽度、振幅、加速度等;

　　　C——结构或结构构件达到正常使用要求的规定限值,应按各有关建筑结构设计规范的规定采用。

　　对于荷载的标准组合、频遇组合或准永久组合,荷载效应组合的验算值 S_k 应参考现行国家标准《建筑结构荷载规范》GB 50009 或《工程结构通用规范》GB 55001 的有关规定进行计算。

5.5 既有结构构件可靠性评定方法

5.5.1 既有结构构件的可靠性应分别按安全性、使用性和耐久性进行分级评定。评定等级应根据构件的不同种类,分别按本标准的有关规定执行。

5.5.2 单个构件的安全性等级可分为四级,即 a_u、b_u、c_u 和 d_u

级。a_u级的构件不必采取措施;b_u级的构件可不采取措施;c_u级的构件应采取措施;d_u级的构件必须及时或立即采取措施。

5.5.3 单个构件的使用性等级可分为二级,即a_s和d_s级。a_s级的构件不必采取措施;d_s级的构件应采取措施。

5.5.4 单个构件的耐久性等级可分为二级,即a_d和d_d级。a_d级的构件不必采取措施;d_d级的构件应采取措施。

5.5.5 既有结构构件的耐久性评定,应引入时间变量,按目标工作年限内的安全性(称为安全耐久性)和目标工作年限内的使用性(称为使用耐久性)分别进行评定,并按其中较低一级来评价该构件的耐久性等级。

5.5.6 既有结构构件耐久性评定时,经过现场调查和检测,有足够证据表明结构构件满足下列条件时,则可将其耐久性等级直接评定为a_d级。

1 结构构件未出现耐久性损伤和其他明显的损坏。

2 使用期间,在较大荷载或不利环境因素作用下,结构构件仍保持良好的性能。

3 按当前的使用条件,在目标工作年限内,结构构件受力性能不会明显衰减。

4 使用期间,荷载以及影响结构构件耐久性的主要因素未发生显著变化,而且在目标工作年限内也不会发生显著变化。

5.5.7 当需要预测剩余使用寿命时,应对不同目标工作年限内结构耐久性进行评定,通过逐步搜索的方法确定满足耐久性要求所对应的最大目标工作年限,以此确定结构的剩余使用寿命。

5.6 既有结构体系可靠性评定方法

5.6.1 既有结构体系的可靠性可分别按安全性、使用性和耐久性进行分级评定。

5.6.2 既有结构体系的可靠性等级可按下列原则确定：

1 结构体系的可靠性采用分层法即串联子结构法进行分析。其中，上部结构按自然层分层，将地基基础看成是结构体系中最底部的一"层"。

2 评定地基基础和上部结构每层的可靠性等级。

3 找出可靠性等级最低的一层，则该层以上结构的可靠性等级即取该层的等级。

5.6.3 地基基础和上部结构每层的安全性等级从好到差依次可分为四个等级：A_u、B_u、C_u 和 D_u。A_u 级结构不必采取措施；B_u 级结构可不采取措施；C_u 级结构应采取措施；D_u 级结构必须立即采取措施。

5.6.4 地基基础的安全性等级应按现行国家标准《民用建筑可靠性鉴定标准》GB 50292 或《工业建筑可靠性鉴定标准》GB 50144 的相关要求确定。

5.6.5 上部结构每层或每一子结构的安全性等级由构件的安全性等级来确定，应按下列步骤进行：

1 确定每层内各构件对于本层的影响权重 ω_{ij}（可参见本标准附录 H 的方法）。

2 确定每层内各构件的安全性等级，为 a_u、b_u、c_u 或 d_u。

3 用式(5.6.5)计算每一层处于各级构件的权重总和 Γ_j：

$$\Gamma_j = \sum_{ij=1}^{nj} \omega_{ij} \qquad (5.6.5)$$

式中：j——构件的安全性等级，为 a_u、b_u、c_u 或 d_u；

nj——安全性等级处于 j 级的构件数；

ij——j 级构件的编号；

ω_{ij}——第 i 号 j 级构件的权重。

4 根据式(5.6.5)的计算结果，由表 5.6.5 确定各层的安全性等级。

表 5.6.5 既有建筑上部结构每层的安全性等级评定

安全性等级	评级标准
A_u	$\Gamma_{bu} \leqslant 0.25$，$\Gamma_{cu}=0$，$\Gamma_{du}=0$
B_u	$\Gamma_{cu} \leqslant 0.15$，$\Gamma_{du}=0$
C_u	$\Gamma_{du} < 0.05$
D_u	$\Gamma_{du} \geqslant 0.05$

5.6.6 地基基础和上部结构每层的使用性等级从好到差可分为 A_s 和 D_s 二个等级；A_s 级结构不必采取措施，D_s 级结构应采取措施。

5.6.7 地基基础的使用性等级按现行国家标准《民用建筑可靠性鉴定标准》GB 50292 或《工业建筑可靠性鉴定标准》GB 50144 评定为 A_s 级时取 A_s 级，否则评定为 D_s 级。

5.6.8 上部结构每层的使用性等级由构件的使用性等级来确定，应按下列步骤进行：

1 确定每层内各构件对于本层的影响权重 ω_{ij}（可参见本标准附录 H 的方法）。

2 确定每层内各构件的使用性等级，分别为 a_s 或 d_s。

3 用式(5.6.5)计算每一层处于各级构件的权重总和 Γ_j，计算时 j 为 a_s 或 d_s。

4 根据式(5.6.5)的计算结果，由表 5.6.8 确定各层的使用性等级。

表 5.6.8 上部结构每层的使用性等级评定

使用性等级	评级标准
A_s	$\Gamma_{bs} \leqslant 0.25$
D_s	$\Gamma_{bs} > 0.25$

5.6.9 地基基础和上部结构每层的耐久性等级从好到差依次可分为 A_d 和 D_d 二个等级；A_d 级结构不必采取措施，D_d 级结构应采取措施。

5.6.10 地基基础的耐久性等级应引入时间变量,取目标工作年限内地基基础的安全等级和使用性等级二者中的较低值。

5.6.11 上部结构每层的耐久性等级由构件的耐久性等级来确定,应按下列步骤进行:

1 确定每层内各构件对于本层的影响权重 ω_{ij}(可参见本标准附录 H 的方法)。

2 确定每层内各构件的耐久性等级,为 a_d 或 d_d。

3 用式(5.6.5)计算每一层处于各级构件的权重总和 Γ_j,计算时 j 分别为 a_d 或 d_d。

4 根据式(5.6.5)的计算结果,由表 5.6.11 确定各层的耐久性等级。

表 5.6.11 上部结构每层的耐久性等级评定

耐久性等级	评级标准
A_d	$\Gamma_{bd} \leqslant 0.20$
D_d	$\Gamma_{bd} > 0.20$

6 既有混凝土结构构件可靠性评定

6.1 既有混凝土结构构件安全性评定

6.1.1 混凝土结构构件的安全性应分别按承载能力、构造、不适于继续承载的位移(或变形)和裂缝等四个项目进行评定,取其中最低一级作为构件的安全性等级。

6.1.2 当混凝土结构构件的安全性按承载能力进行等级评定时,应按表 6.1.2 的规定执行。

表 6.1.2 混凝土结构构件承载能力等级的评定

$R/\gamma_0\gamma_R S$			
a_u 级	b_u 级	c_u 级	d_u 级
≥1.0	≥0.95 且 <1.0	≥0.90 且 <0.95	<0.90

注:表中的 R 和 S 分别为结构构件的抗力和作用效应,γ_0 为结构重要性系数,γ_R 为结构构件抗力分项系数,应按本标准第 5.4 节的要求确定。当采用本标准第 4.10 节结构现场荷载试验的方法检验混凝土结构受弯构件的承载力时,取 $\gamma_R = 1.0$。

6.1.3 钢筋锈蚀或混凝土腐蚀后混凝土结构构件的承载力计算,可按本标准第 6.3 节中的相关规定执行。

6.1.4 当混凝土结构构件的安全性按构造、不适于继续承载的位移(或变形)或裂缝进行评级时,可按现行国家标准《民用建筑可靠性鉴定标准》GB 50292 或《工业建筑可靠性鉴定标准》GB 50144 的相关规定执行。

6.2 既有混凝土结构构件使用性评定

6.2.1 混凝土结构构件的使用性应按位移和裂缝两个检查项目

进行评定,取其中较低一级作为该构件的使用性等级。

6.2.2 当混凝土结构构件的使用性按位移或裂缝进行等级评定时,可按现行国家标准《民用建筑可靠性鉴定标准》GB 50292 或《工业建筑可靠性鉴定标准》GB 50144 的相关规定执行,当小于或等于规定的限值时,将该构件的使用性等级评定为 a_s 级,否则为 d_s 级。

6.3 既有混凝土结构构件耐久性评定

6.3.1 引入时间变量,考虑目标工作年限内的最大钢筋锈蚀率、混凝土腐蚀深度的影响,可按照本标准第 6.1 节、第 6.2 节评定目标工作年限内既有混凝土结构构件安全性和使用性的最低等级。若安全性最低等级为 a_u 或 b_u 级,则其耐久性等级为 a_d 级,否则为 d_d 级。若使用性最低等级为 a_s 级,则其耐久性等级为 a_d 级,否则为 d_d 级。

6.3.2 引入时间变量进行安全性评定时,混凝土结构构件的承载力应按下列要求进行计算:

  1 锈蚀钢筋/预应力筋的应力-应变关系模型宜按本标准附录 K 确定。

  2 锈蚀混凝土构件承载力宜按本标准附录 L 确定。

  3 腐蚀混凝土构件承载力宜按本标准附录 M 确定。

6.3.3 引入时间变量进行使用性评定时,应按位移、横向裂缝和锈蚀状况三个项目,分别评定目标工作年限内的最低等级,并取三者中的最低等级作为该构件使用耐久性等级。目标工作年限内位移、横向裂缝项目等级可按本标准第 6.2 节的要求进行评定,但应考虑锈蚀钢筋截面积损失与协同工作能力降低对刚度的影响。

6.3.4 钢筋锈蚀时,宜按本标准附录 L 计算锈蚀混凝土构件的抗弯刚度。

6.3.5 锈蚀钢筋截面锈蚀率 η_s 宜按式(6.3.5)计算。

$$\eta_s = 1 - \left(1 - \frac{2\delta_e}{d}\right)^2 \quad (6.3.5)$$

式中：δ_e——目标工作年限内钢筋的最大锈蚀深度，其值可按本标准附录 J 的方法确定；

d——钢筋原有直径。

6.3.6 混凝土保护层锈胀开裂时的钢筋锈蚀深度 δ_{cr} 可按下列公式计算：

1 光圆钢筋

$$\delta_{cr} = k_{crl}(0.012c/d + 0.00084 f_{cuk} + 0.022)$$
$$(6.3.6-1)$$

2 变形钢筋

$$\delta_{cr} = k_{crl}(0.008c/d + 0.00055 f_{cuk} + 0.022)$$
$$(6.3.6-2)$$

3 箍筋及网状配筋

$$\delta_{cr} = 0.026c/d + 0.0025 f_{cuk} + 0.068 \quad (6.3.6-3)$$

式中：c——混凝土保护层厚度(mm)；

d——钢筋直径(mm)；

f_{cuk}——混凝土立方体抗压强度标准值(N/mm²)；

k_{crl}——钢筋位置影响系数，钢筋位于角部时取 1.0，钢筋位于非角部时取 1.35。

6.3.7 受弯构件的挠度可按现行国家标准《混凝土结构设计规范》GB 50010 的有关规定计算，但应按本标准第 6.3.4 条考虑由于钢筋锈蚀引起的刚度退化。

6.3.8 锈蚀钢筋混凝土梁的平均受力裂缝间距，最大裂缝宽度可按式(6.3.8)计算。

$$l_{m,c} = 1.9c + 0.08 \frac{d/v}{k_s \rho_{te,c}} \quad (6.3.8\text{-}1)$$

$$w_{max,c} = 2.1\psi_c \frac{\sigma_{ss,c}}{E_s} \left(1.9c + 0.08 \frac{d/v}{k_s \rho_{te,c}}\right) \quad (6.3.8\text{-}2)$$

$$\psi_c = \psi + \frac{1-\psi}{w_b} w \quad (6.3.8\text{-}3)$$

式中：$l_{m,c}$——锈蚀钢筋混凝土梁受力裂缝平均间距；

$w_{max,c}$——锈蚀钢筋混凝土梁最大受力裂缝宽度；

v——纵向受拉钢筋表面特征系数，变形钢筋取 1.0，光圆钢筋取 0.7；

k_s——锈蚀钢筋与混凝土间粘结强度降低系数，$k_s = 1 - w/w_b$；

$\rho_{te,c}$——考虑钢筋锈蚀后按有效混凝土受拉面积计算的纵向钢筋配筋率，计算方法同现行国家标准《混凝土结构设计规范》GB 50010；

$\sigma_{ss,c}$——裂缝处锈蚀钢筋的应力，计算方法同现行国家标准《混凝土结构设计规范》GB 50010；

ψ_c——钢筋锈蚀后裂缝间纵向钢筋应变不均匀系数；

ψ——钢筋未锈蚀混凝土构件裂缝间纵向钢筋应变不均匀系数，计算方法同现行国家标准《混凝土结构设计规范》GB 50010；

w——目标工作年限内的最大锈胀裂缝宽度(mm)；

w_b——锈胀裂缝宽度限值(mm)，对光圆钢筋取 $w_b = 2.5$，对变形钢筋取 $w_b = 3.5$。

6.3.9 裂缝控制等级为三级的构件，钢筋锈胀裂缝宽度限值，对光圆钢筋取 2.5 mm，对变形钢筋取 3.5 mm；裂缝控制等级为二级的构件以保护层出现锈胀裂缝为极限；裂缝控制等级为一级的构件以钢筋脱钝锈蚀为极限。锈蚀钢筋混凝土梁受力裂缝的宽度限值可按现行国家标准《混凝土结构设计规范》GB 50010 的相关要求确定。当目标工作年限内的钢筋锈蚀状况超过其极限状态时,将该构件锈蚀状况项目耐久性等级评定为 d_d 级,否则为 a_d 级。

7 既有砌体结构构件可靠性评定

7.1 既有砌体结构构件安全性评定

7.1.1 砌体结构构件的安全性应分别按承载能力、构造、不适于继续承载的位移和裂缝(包括外观缺陷)等四个项目进行评定,取其中最低一级作为构件的安全性等级。

7.1.2 当砌体结构构件的安全性按承载能力进行等级评定时,应按表 7.1.2 的规定执行。

表 7.1.2 砌体结构构件承载能力等级的评定

$R/\gamma_0\gamma_R S$			
a_u 级	b_u 级	c_u 级	d_u 级
$\geqslant 1.0$	$\geqslant 0.95$ 且 <1.0	$\geqslant 0.90$ 且 <0.95	<0.90

注:表中的 R 和 S 分别为结构构件的抗力和作用效应,γ_0 为结构重要性系数,γ_R 为结构构件抗力分项系数,应按本标准第 5.4 节的要求确定。

7.1.3 当砌体结构构件的安全性按构造、不适于继续承载的位移或裂缝进行评级时,可按现行国家标准《民用建筑可靠性鉴定标准》GB 50292 或《工业建筑可靠性鉴定标准》GB 50144 的相关规定执行。

7.2 既有砌体结构构件使用性评定

7.2.1 砌体结构构件的使用性应按位移、非受力裂缝和风化(或粉化)三个检查项目分别进行评定,取其中较低一级作为该构件的使用性等级。

7.2.2 当砌体墙、柱的使用性按其顶点水平位移(或倾斜)、非受力裂缝或风化(或粉化)检测结果评定时,可按现行国家标准《民用建筑可靠性鉴定标准》GB 50292 或《工业建筑可靠性鉴定标准》GB 50144 的相关规定执行,当低于规定的限值时,将该构件的使用性等级评定为 a_s 级,否则为 d_s 级。

7.3 既有砌体结构构件耐久性评定

7.3.1 考虑目标工作年限内的最大风化深度引起的截面削弱影响,可按本标准第 7.1 节、第 7.2 节评定目标工作年限内既有砌体结构构件安全性和使用性的最低等级。若安全性最低等级为 a_u 级或 b_u 级,则其耐久性等级为 a_d 级,否则为 d_d 级。若使用性最低等级为 a_s 级,则其耐久性等级为 a_d 级,否则为 d_d 级。

7.3.2 根据实测风化深度和已工作年限估算年风化深度,据此推算既有砌体结构构件在目标工作年限内的最大风化深度应为"年风化深度×目标工作年限暴露年限"。

7.3.3 目标工作年限内,如结构构件使用环境和表面粉刷层无明显变化,暴露年限可取目标工作年限;如结构构件使用环境无明显变化但表面重新粉刷,暴露年限应扣除粉刷层风化年限。

8 既有钢结构构件可靠性评定

8.1 既有钢结构构件安全性评定

8.1.1 钢结构构件的安全性应分别按承载能力、构造、不适于继续承载的位移(或变形)等三个项目进行评定,取其中最低一级作为构件的安全性等级。

8.1.2 当钢结构构件(含连接)的安全性按承载能力进行等级评定时,应按表 8.1.2 的规定执行。

表 8.1.2 钢结构构件(含连接)承载能力等级的评定

$R/\gamma_0\gamma_R S$			
a_u 级	b_u 级	c_u 级	d_u 级
≥1.0	≥0.95 且 <1.0	≥0.90 且 <0.95	<0.90

注:表中的 R 和 S 分别为结构构件的抗力和作用效应;γ_0 为结构重要性系数,γ_R 为结构构件抗力分项系数,应按本标准第 5.4 节的要求确定。

8.1.3 当钢结构构件的安全性按构造或不适于继续承载的位移(或变形)进行评级时,可按现行国家标准《民用建筑可靠性鉴定标准》GB 50292 或《工业建筑可靠性鉴定标准》GB 50144 的相关规定执行。

8.2 既有钢结构构件使用性评定

8.2.1 钢结构构件的使用性应按位移和锈蚀(腐蚀)两个检查项目进行评定,取其中较低一级作为该构件的使用性等级。

8.2.2 当钢结构构件按位移或锈蚀进行使用性等级评定时,可按现行国家标准《民用建筑可靠性鉴定标准》GB 50292 或《工业建筑可靠性鉴定标准》GB 50144 的相关规定执行,当低于规定的限值时,将该构件的使用性等级评定为 a_s 级,否则为 d_s 级。

8.3 既有钢结构构件耐久性评定

8.3.1 考虑目标工作年限内的最大锈蚀深度引起的截面削弱影响,可按本标准第 8.1 节、第 8.2 节评定目标工作年限内既有钢结构构件安全性和使用性的最低等级。若安全性最低等级为 a_u 级或 b_u 级,则其耐久性等级为 a_d 级,否则为 d_d 级。若使用性最低等级为 a_s 级,则其耐久性等级为 a_d 级,否则为 d_d 级。

8.3.2 根据实测锈蚀深度和已暴露年限估算年锈蚀深度,据此推算既有钢结构构件在目标工作年限内的最大锈蚀深度应为"年锈蚀深度×目标工作年限暴露年限"。

8.3.3 钢结构构件已暴露年限取已工作年限和表面涂层失效年限的差值。目标工作年限内,如结构构件使用环境和表面涂层无明显变化,暴露年限可取目标工作年限;如结构构件使用环境无明显变化但表面涂层重新粉刷,暴露年限应扣除涂层失效年限。

9 既有木结构构件可靠性评定

9.1 既有木结构构件安全性评定

9.1.1 木结构构件的安全性应分别按承载能力、构造、不适于继续承载的位移(或变形)、裂缝、危险性的腐朽和虫蛀六个项目进行评定,取其中最低一级作为构件的安全性等级。

9.1.2 当木结构构件及其连接的安全性按承载能力进行等级评定时,应按表9.1.2的规定执行。

表9.1.2 木结构构件及其连接承载能力等级的评定

$R/\gamma_0\gamma_R S$			
a_u 级	b_u 级	c_u 级	d_u 级
≥1.0	≥0.95 且 <1.0	≥0.90 且 <0.95	<0.90

注:表中的 R 和 S 分别为结构构件的抗力和作用效应,γ_0 为结构重要性系数,γ_R 为结构构件抗力分项系数,应按本标准第5.4节的要求确定。

9.1.3 当木结构构件的安全性按构造、不适于继续承载的位移(或变形)、裂缝或危险性的腐朽和虫蛀等进行评级时,可按现行国家标准《民用建筑可靠性鉴定标准》GB 50292 的有关规定执行。

9.2 既有木结构构件使用性评定

9.2.1 木结构构件的使用性应按位移、干缩裂缝和初期腐朽三个检查项目进行评定,取其中较低一级作为该构件的使用性等级。

9.2.2 当木结构构件的使用性按其挠度检测结果、干缩裂缝的检测结果或初期腐朽情况进行评定时,可按现行国家标准《民用建筑可靠性鉴定标准》GB 50292 的有关规定执行。当低于规定的限值时,将该构件的使用性等级评定为 a_s 级,否则为 d_s 级。

9.3 既有木结构构件耐久性评定

9.3.1 考虑目标工作年限内的最大腐蚀深度引起的截面削弱影响,可按本标准第 9.1 节、第 9.2 节评定目标工作年限内既有木结构构件安全性和使用性的最低等级。若安全性最低等级为 a_u 级或 b_u 级,则其耐久性等级为 a_d 级,否则为 d_d 级。若使用性最低等级为 a_s 级,则其耐久性等级为 a_d 级,否则为 d_d 级。

9.3.2 根据实测腐蚀深度和已工作年限估算年腐蚀深度,据此推算既有木结构构件在目标工作年限内的腐蚀深度应为"年腐蚀深度×目标工作年限"。

附录A 既有建筑结构检测时的样本数量

A.0.1 现场检测既有建筑结构的几何尺寸和材料强度时,其抽样数量应符合本附录的要求。

A.0.2 几何尺寸对结构抗力影响较大或不可忽略不计时,若对检测结果的精度要求较高,则宜对该种几何尺寸进行结构抗力的敏感性分析,以确定合适的样本数量,并按下列步骤进行:

 1 从总体随机抽取n个几何尺寸作为样本(不宜少于5个)。

 2 计算样本均值$\bar{X}$和样本标准差S^*,估计样本均值和总体均值的绝对误差上限E_r,E_r可用式(A.0.2)计算:

$$E_r = t_{1-\frac{\alpha}{2}}(n-1)\frac{S^*}{\sqrt{n}} \tag{A.0.2}$$

式中:n——样本数量;

 S^*——样本标准差;

 $1-\frac{\alpha}{2}$——分位值,α一般可取0.1;

 $t(\cdot)$——学生氏分布函数。

 3 计算结构构件的抗力$F_R(\bar{X})$、$F_R(\bar{X} \pm E_r)$,其中$F_R(\cdot)$为结构抗力函数。

 4 计算$f_{pr} = \dfrac{\max(|F_R(\bar{X}) - F_R(\bar{X} \pm E_r)|)}{F_R(\bar{X})} \times 100\%$,其中$f_{pr}$为结构抗力的相对误差。如果$f_{pr} \leqslant 5\%$,则样本$n$满足精度要求;否则,应适当增加样本数量,并返回步骤2。

A.0.3 材料强度对结构抗力影响较大或不可忽略不计时,若对检测结果的精度要求较高,则宜对该种材料强度进行结构抗力的敏感性分析，以确定合适的样本数量，并按下列步骤进行：

1 从总体随机抽取 n 个材料样本（不宜少于 5 个）。

2 计算样本均值 $\bar{X}$ 和变异系数 δ_f。

3 保持样本均值 $\bar{X}$ 和变异系数 δ_f 不变，变化样本数量 m，可由式(A.0.3-1)得到样本数量与材料强度标准值的关系。

$$f_k = \bar{X}(1 - k\delta_f) \quad (A.0.3\text{-}1)$$

式中：f_k——材料强度标准值；

　　　k——与检测精度和抽样数量等有关的系数，具体取值可参照国家标准《民用建筑可靠性鉴定标准》GB 50292—2015 附录 L。

4 由不同的材料强度标准值计算出不同的结构构件抗力 F_R，得到样本数量 m 与构件抗力 F_R 的关系。

5 计算 $f_{pr}(m) = \dfrac{F_R(m) - F_R(m-1)}{F_R(m)} \times 100\%$，并确定满足下列方程组的 n_0：

$$\begin{cases} f_{pr}(m) > f'_{pr} & \text{当 } m < n_0 \\ f_{pr}(m) \leqslant f'_{pr} & \text{当 } m > n_0 \end{cases} \quad (A.0.3\text{-}2)$$

其中，f'_{pr} 为允许误差，可取 1%～5%，需根据具体情况事先确定。

6 比较 n 和 n_0。如果 $n \geqslant n_0$，则样本数量 n 和满足精度要求；如果 $n < n_0$，则应用 n_0 代替 n，并返回步骤 2。

附录 B 混凝土中钢筋硬度的检测

B.0.1 采用里氏硬度法推测混凝土中钢筋的强度时,钢筋硬度的检测应按下列步骤进行:

 1 用钢筋探测仪探测构件中钢筋的分布与位置,确定被测钢筋。

 2 用便携式切割机小心切割混凝土并撬开钢筋保护层(长约 10 cm);再用便携式角向磨光机将钢筋表面打磨平整并抛光。注意在试件处理时,尽量避免被测钢筋受到强烈振动,同时使钢筋的裸露截面小于 1/3,以使混凝土对钢筋仍保持足够的约束力。

 3 沿钢筋中轴线,用里氏硬度计测量钢筋的里氏硬度值,每个测区布置 5 个测点,取 5 次测试数据的平均值作为测区的测试结果。注意两测点的间距不小于 3 mm。

B.0.2 当混凝土中钢筋严重锈蚀或钢筋周围的混凝土失去对钢筋的约束作用时,不得采用里氏硬度法检测钢筋的强度。

附录 C 混凝土中氯离子或硫酸盐含量的检测

C.0.1 硝酸银滴定法测定混凝土中水溶性氯离子含量时,利用铬酸钾指示剂判断滴定终点,按下列步骤进行:

1 称取一份混凝土试样 m 克(20 g 左右,精确至 0.01 g),放入磨口三角烧瓶中并加入 V_1 毫升蒸馏水(100 mL),摇匀盖好表面皿后放到带石棉网的试验电炉或其他加热装置上煮沸 5 min,停止加热,盖好瓶盖静置 24 h 或在 90℃的水浴锅中浸泡 3 h,最后用快速定量滤纸过滤得到试样溶液。

2 用移液管分别提取 V_2 毫升(20 mL)试样溶液置于 2 个 250 mL 锥形瓶中,并将提取试样溶液的 pH 值调整到 7~8。调整 pH 值时用硝酸溶液调酸度,用碳酸氢钠或氢氧化钠溶液调碱度。

3 加入浓度为 5%(50 g/L)的铬酸钾指示剂 10 滴~12 滴,用当量浓度为 N(一般为 0.01 mol/L)的硝酸银溶液滴定,边滴边摇,直至溶液呈现不消失的橙红色为止。记录 2 个 250 mL 锥形瓶中试样溶液滴定时分别消耗的硝酸银溶液量 V_{31} 和 V_{32},取二者的平均值 V_3 作为测点结果。

4 单位质量混凝土中氯离子含量可按式(C.0.1)计算

$$p = \frac{0.03545NV_3}{mV_2/V_1} \quad (\text{C.0.1})$$

式中:N——硝酸银溶液的当量浓度(mol/L);

V_3——滴定时消耗的硝酸银溶液量(mL);

m——试样的质量(g);

V_1——浸泡样品的水量(mL);

V_2——每次滴定时提取的滤液量(mL);

p——单位质量混凝土中水溶性氯离子含量(g/g)。

C.0.2 硝酸银滴定法测定混凝土中酸溶性氯离子含量时,以电位滴定法测定滴定终点,按下列步骤进行:

1 称取一份混凝土试样 m 克(20 g,精确至 0.01 g),放入磨口三角烧瓶中并加入 V_1 毫升(100 mL)硝酸溶液(分析纯硝酸与蒸馏水按体积比为 1∶7 配置),盖上瓶盖,剧烈摇晃 1 min~2 min,然后静置 24 h 或在 90℃的水浴锅中浸泡 3 h,最后用快速定量滤纸过滤得到试样溶液。

2 用移液管分别提取 V_2 毫升(20 mL)试样溶液置于 2 个 300 mL 烧杯中,加 100 mL 蒸馏水,再加浓度为 10 g/L 的淀粉溶液 20 mL,烧杯内放入电磁搅拌器。

3 将烧杯放在电磁搅拌器上,开动搅拌器,并插入 216 型银电极(或氯离子选择电极)和参比电极(双盐桥饱和甘汞电极),两电极与电位测量仪器连接,用硝酸银溶液缓慢滴定,同时记录电势和对应的滴定管读数。

4 当接近等当量点时,电势增加很快,此时缓慢滴加硝酸银溶液,每次定量加 0.1 mL;当电势发生突变时,表示等当量点已过,此时继续滴入硝酸银溶液,直至电势变化趋向平缓,用二次微商法(即绘制电压-消耗硝酸银溶液体积曲线,通过电压对体积二次导数变成零的方法来求出等当量点)计算出达到当量点时硝酸银溶液消耗的体积 V_{11}。

5 同条件下,进行 100 mL 蒸馏水中氯离子含量的空白试验:在干净的烧杯中加入 100 mL 蒸馏水和 V_2 毫升(20 mL)硝酸溶液,再加入 20 mL 淀粉溶液,在电磁搅拌下,使用微量移液器缓慢滴加硝酸银溶液,同时记录电势和对应的硝酸银溶液的用量,按二次微商法计算出达到等当量点时硝酸银溶液消耗的体积 V_{12}。

6 单位质量混凝土中氯离子含量可按式(C.0.2)计算:

$$p = \frac{0.03545N(V_{11}-V_{12})}{mV_2/V_1} \qquad (C.0.2)$$

式中：N——硝酸银标准溶液的当量浓度（mol/L），一般为 0.02 mol/L；

V_{11}——V_2 毫升滤液达到当量点所消耗的硝酸银溶液量（mL）；

V_{12}——空白试验达到当量点所消耗的硝酸银溶液量（mL）；

m——试样的质量（g）；

V_1——浸泡样品的硝酸溶液用量（mL）；

V_2——电位滴定时提取的滤液量（mL）；

p——单位质量混凝土中酸溶性氯离子含量（g/g）。

C.0.3 硫酸钡重量法测定硫酸盐浓度时应按下列步骤进行：

1 称取混凝土粉末试样约 1 g（m），精确至 0.0001 g，置于 200 mL 的烧杯中，加入 40 mL 蒸馏水，搅拌使试样完全分散，在搅拌下加入 10 mL 稀盐酸（1∶1），用平头玻璃棒压碎块状物，加热煮沸并保持微沸 5 min～10 min，使试样中 SO_4^{2-} 充分溶解。冷却后用中速定性滤纸过滤，用热水洗涤 10 次～12 次，滤液及洗液收集于 400 mL 烧杯中。

2 加两滴 1 g/L 的甲基红指示剂，用适量的盐酸（1∶1）或者氨水（1∶1）调至显橙黄色，再加 2 mL 盐酸（1∶1），加蒸馏水调整滤液体积至约 250 mL，加热煮沸至少 5 min，不断搅拌溶液并逐滴加入 10 mL 热的 100 g/L 氯化钡溶液，继续微沸数分钟，然后在常温下静置 12 h～24 h 或温热处静置至少 4 h，溶液的体积应保持在约 200 mL。用慢速定量滤纸过滤，用热水洗涤，用胶头擦棒和定量滤纸片擦洗烧杯及玻璃棒，洗涤至流出的洗涤水无氯根为止（用 1% 硝酸银溶液来检验）。

3 将沉淀及滤纸一并移入已灼烧至恒重（m_1）的瓷坩埚中，灰化完全后，放入 800℃～950℃的高温炉内灼烧 30 min 以上，取出瓷坩埚，置于干燥器中冷却至室温，称重，反复灼烧直至恒重（m_2）。

4 混凝土中水溶性硫化物、硫酸盐含量(以 SO_4^{2-} 计)应按式(C.0.3)计算(精确至0.01%)。取两次平行试验的算术平均值作为评定指标,若两次试验结果之差大于0.15%,应重做试验。

$$\omega_{SO_4^{2-}} = \frac{0.4116(m_2 - m_1)}{m} \times 100\% \quad (C.0.3)$$

式中:m——混凝土粉末试验质量(g);
　　　m_1——瓷坩埚重量(g);
　　　m_2——沉淀物与瓷坩埚总重(g);
　　0.4116——硫酸钡质量换算成 SO_4^{2-} 的系数。

附录 D 碱骨料反应对混凝土结构影响的检测

D.0.1 碱骨料反应对混凝土结构的损坏，表现在外观上主要是龟裂和半透明泌出物等特征。通过外观调查以初步确定碱骨料反应对混凝土质量有影响的部位和范围，并对裂缝和泌出物的部位、尺寸和特征详细记录。

D.0.2 在损坏严重处钻取混凝土芯样。芯样直径根据骨料粒径按现行行业标准《钻芯法检测混凝土强度技术规程》JGJ/T 384 的要求确定。同一检测单元应选取不少于 3 处进行钻芯检测，且在每一部位应同时钻取 2 个芯样。

D.0.3 按现行行业标准《钻芯法检测混凝土强度技术规程》JGJ/T 384 的要求，每处各加工 1 个芯样试件，通过试验获得混凝土芯样的抗压强度。

D.0.4 将经强度试验后的芯样试件，剔除水泥砂浆后，按现行行业标准《普通混凝土用砂、石质量及检验方法标准》JGJ 52 鉴别混凝土中的碱骨料反应活性。

D.0.5 各处余下的另一个芯样，钻取后应立即在断头断面上，通过圆心画 2 条垂直的直线，再以直线的 4 个端点为起点，画 4 条平行于芯样母线的直线，并在距芯样两端 2 cm～3 cm 处及芯样中部画 3 条圆周线，每条圆周线分别与 4 条直线相交于 4 点。然后用千分尺量取 4 条沿长向直线的长度及相互垂直的 6 个直径的长度，作出编号并记录。将量过尺寸的芯样放入 20℃±1℃、>90%RH 条件下养护 14 d，如果存在碱骨料反应，则在骨料的界面处可观察到有透明的凝胶析出。测量其长度并计算膨胀量，该膨胀量为芯样试件解除结构约束后的碱活性反应膨胀量。

将芯样试件再至于 40℃±1℃、>90%RH 条件下,养护 3 个月~6 个月,测量其膨胀量(为潜在膨胀量),若有膨胀则说明骨料还有潜在碱活性。

附录 E 含氧化镁骨料对混凝土结构影响的检测

E.0.1 含氧化镁骨料膨胀反应对混凝土结构的损坏，表现在外观上主要是局部的放射性爆裂和裂缝内核的粉末状残留物等特征。可通过外观调查以初步确定含氧化镁骨料膨胀反应对混凝土质量有影响的部位和范围，并对裂缝的部位、尺寸和特征作详细记录。

E.0.2 在损坏严重处钻取混凝土芯样。芯样直径根据骨料最大粒径宜按现行行业标准《钻芯法检测混凝土强度技术规程》JGJ/T 384 的要求确定。

E.0.3 芯样钻取后应立即在断头断面上，通过圆心画 2 条垂直的直线，再以直线的 4 个端点为起点，画 4 条平行于芯样母线的直线，并在距芯样两端 2 cm～3 cm 处及芯样中部画 3 条圆周线，每条圆周线分别与 4 条直线相交于 4 点。用千分尺量取 4 条沿长向直线的长度及相互垂直的 6 个直径的长度，作出编号并记录。将量过尺寸的芯样放入高压釜，压蒸制度参见现行国家标准《水泥压蒸安定性试验方法》GB/T 750。试验后观察试件是否出现开裂、疏松或崩溃等现象，如有可能，同时测量其膨胀量。

E.0.4 选取裂缝内核的粉末状残留物，对其进行化学分析、X 射线衍射分析和电子显微镜观察，以确定 MgO、$Mg(OH)_2$ 及其含量。参考现行国家标准《水泥化学分析方法》GB/T 176 中的方法，以氢氟酸-高氯酸分解，用锶盐消除硅等的干扰，在空气-乙炔火焰中，于波长 285.2 nm 处测定溶液的吸光度，从而测定裂缝内核的粉末状残留物中氧化镁含量。具体按下列步骤进行：

1 称取约 0.1 g 粉末试样（m），精确至 0.0001 g，置于铂坩埚中，加入 0.5 mL～1 mL 水湿润，加入 5 mL～7 mL 氢氟酸和

0.5 mL 高氯酸,放入通风橱内低温电热板上加热,近干时摇动铂坩埚以防溅失,待白色浓烟完全驱尽后,取下冷却。

2 加入 20 mL 盐酸(1∶1),加热至溶液澄清,冷却后移入 250 mL 容量瓶中,加入 5 mL 氯化锶溶液(152 g 氯化锶 $SrCl_2 \times 6H_2O$ 溶解于水中,加水稀释至 1 L),用水稀释至刻度,摇匀。

3 从步骤 2 的溶液中吸取 5 mL 溶液放入 100 mL 容量瓶中(试样溶液的分取量和容量瓶的容积可根据氧化镁含量调整),加入 12 mL 盐酸(1∶1)及 2 mL 氯化锶溶液(测定溶液中盐酸的体积分数为 6%,锶的浓度为 1 mg/mL)。用水稀释至刻度,摇匀。用原子吸收分光光度计和镁元素空心阴极灯,在空气-乙炔火焰中,于波长 285.2 nm 处,在与绘制工作曲线时相同的仪器条件下测定溶液的吸光度,并在工作曲线上求出氧化镁的浓度(c_1)。

4 氧化镁的质量分数按式(E.0.4)计算:

$$\omega_{Mgo} = \frac{c_1 \times 0.5}{m} \qquad (E.0.4)$$

式中:ω_{Mgo}——氧化镁的质量分数(%);

c_1——测定的溶液中氧化镁的浓度(μg/mL);

m——粉末试样的质量(g)。

附录 F 混凝土中钢筋锈蚀状况的判断与检测

F.0.1 根据检测需要,混凝土中钢筋锈蚀状况的判断与检测可分为钢筋锈蚀可能性的判断、钢筋锈蚀率或钢筋锈蚀速率的检测,具体可以根据构件状况、现场测试条件和测试要求,选用自然电位法、混凝土电阻法、电流密度法、锈胀裂缝法或破损检测法进行判断和检测。

F.0.2 钢筋锈蚀状况检测时,对每一个结构单元,应根据构件的环境条件和外观检查结果确定检测单元,每个检测单元的样本不应少于 6 个。

F.0.3 对于混凝土表面完好、未发现有锈迹和锈胀裂缝的构件,但有理由怀疑混凝土中钢筋可能已经锈蚀时(如检测发现混凝土的碳化深度超过混凝土保护层厚度),可以采用自然电位法或混凝土电阻法对混凝土中的钢筋锈蚀情况进行初步判断。

F.0.4 采用自然电位法检测时,根据构件表面的实测腐蚀电位等值线图,可按以下标准或检测设备的操作规程,定性判断混凝土中钢筋锈蚀的可能性:

-350 mV~-500 mV,有锈蚀活动性,发生锈蚀概率为 95%;

-200 mV~-350 mV,有锈蚀活动性,发生锈蚀概率为 50%;

-200 mV 以上,无锈蚀活动性或锈蚀活动性不确定,发生锈蚀概率为 5%。

F.0.5 采用混凝土电阻法检测时,可根据实测混凝土电阻率按以下标准或检测设备的操作规程,定性判断混凝土中钢筋锈蚀的可能性:

100 kΩ·cm 以上,即使高氯化物浓度或碳化情况下,锈蚀速率也极低;

50 kΩ·cm～100 kΩ·cm，低锈蚀速率；

10 kΩ·cm～50 kΩ·cm，钢筋活化时出现中高锈蚀速率；

低于 10 kΩ·cm，混凝土电阻率不是钢筋锈蚀的控制因素。

F.0.6 采用电流密度法检测时，可根据实测电流密度 i_{cor}（单位 mA/cm²）计算钢筋年锈蚀深度 $\delta_a = 11.64 i_{corr}$ (mm)。

F.0.7 对于已经锈胀开裂的结构构件，可根据锈胀裂缝宽度按式(F.0.7)推算钢筋锈蚀深度，但宜用直接破型法进行校核和修正。

$$\delta = k_w w + k_{cd} c/d + k_{cu} f_{cuk} + k_k \quad (F.0.7)$$

式中： δ ——钢筋锈蚀深度(mm)；

w, c, d, f_{cuk} ——分别为锈胀裂缝宽度(mm)、保护层厚度(mm)、钢筋直径(mm)和混凝土立方体抗压强度(N/mm²)；

k_w, k_{cd}, k_{cu}, k_k ——分别为锈胀裂缝宽度与钢筋直径之比、保护层厚度与钢筋直径之比、混凝土立方体抗压强度标准值的影响系数及常数项，详见表 F.0.7。

表 F.0.7 系数的取值

钢筋类型	钢筋位置	w	k_w	k_{cd}	k_{cu}	k_k
光圆钢筋	角部	$w<0.3$ mm	0.35	0.012	0.00084	−0.013
		$w\geqslant0.3$ mm	0.07			0.08
	非角部	$w<0.3$ mm	1.00	0.026	0.0025	−0.032
		$w\geqslant0.3$ mm	0.69			0.074
螺纹钢筋	角部	$w<0.1$ mm	0.35	0.008	0.00055	−0.013
		$w\geqslant0.1$ mm	0.086			0.015

F.0.8 破损检测时宜选择保护层空鼓、锈胀开裂或剥落等钢筋锈蚀严重的部位，根据锈蚀钢筋的有效截面积和锈前公称截面积

计算钢筋的截面锈损率,或根据锈蚀钢筋净重和锈前公称质量计算钢筋的失重率。

F.0.9 在破损检测部位,凿除混凝土保护层,并刮除钢筋表面的锈蚀层后,采用游标卡尺测量钢筋在两个正交方向锈损后的有效直径,然后近似按照椭圆计算锈蚀钢筋的有效截面积。

F.0.10 如现场条件允许,可选择对结构安全影响不大而严重锈蚀的部位截取一段锈蚀钢筋,按照现行国家标准《混凝土长期性能和耐久性能试验方法标准》GB/T 50082 有关规定除锈并称量锈蚀钢筋的净重。

F.0.11 钢筋公称面积或公称重量可根据经过现场复核的原始设计图纸确定。如原始资料遗失,宜在同一或同类构件无明显钢筋锈蚀部位,凿除混凝土保护层后,采用游标卡尺量取钢筋直径,据此判断钢筋型号并推算钢筋锈前公称截面积或单位长度公称质量。

附录G 既有结构构件现场荷载试验方法

G.0.1 现场试验宜采用均布加载,对大型复杂的钢结构体系(如钢屋架、桁架、网架等)也可采用集中吊载,对小型构件(如混凝土预制板)还可根据自平衡原理,设计专门的反力装置,利用千斤顶进行集中加载。若试验荷载与目标工作年限内的荷载形式不同,应按荷载等效原则换算。

G.0.2 均布荷载宜用荷重块(可以采用现场经计量后的袋砂、袋石子、袋水泥或砖块等)。荷重块应按区格成垛堆放,垛与垛之间的间隙不宜小于50 mm,以免形成拱作用。

G.0.3 对于构件中的单向连续板应分别按图G.0.3-1所示的3种情况进行均布加载,承载能力检验荷载实测值取三者中的最低值;对于构件中的双向连续板应分别按图G.0.3-2所示的2种情况进行均布加载,承载能力检验荷载实测值取二者中的较低值。

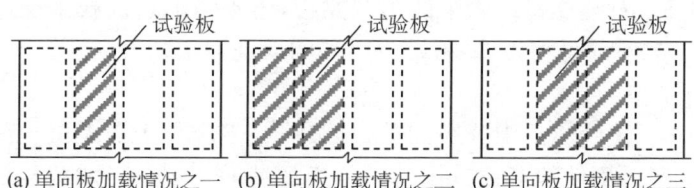

(a) 单向板加载情况之一 (b) 单向板加载情况之二 (c) 单向板加载情况之三

图 G.0.3-1 单向板均布加载情况(阴影部分为加载范围)

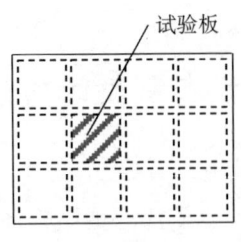 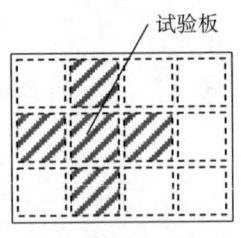

(a) 双向板加载情况之一　　　　(b) 双向板加载情况之二

图 G.0.3-2　双向板均布加载情况(阴影部分为加载范围)

G.0.4　对于构件中的连续梁应分别按图 G.0.4 所示的 3 种情况进行均布加载,承载能力检验荷载实测值取三者中的最低值。

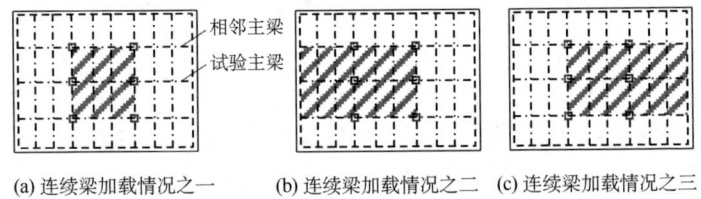

(a) 连续梁加载情况之一　(b) 连续梁加载情况之二　(c) 连续梁加载情况之三

图 G.0.4　连续梁均布加载情况(阴影部分为加载范围)

G.0.5　对装配式结构中的预制梁板,若不考虑后浇找平层所引起的连续性,可将板缝、板端或梁端的后浇面层切开,按单个构件进行试验。

G.0.6　试验应采用分级加载,每级荷载不应大于最大试验荷载的 20%。构件的自重应作为第一级加载的一部分。加载至最大试验荷载后,应分级卸载。

G.0.7　每级加、卸载完成后,应持续 10 min～15 min;在最大试验荷载作用下,应持续 30 min。在持续时间内,应观察试验构件的反应。持续时间结束时,应观察并记录各项读数。

G.0.8　当在规定的荷载持续时间内出现本标准表 4.10.4 的破坏标志之一时,应取本级荷载值与前一级荷载值的平均值作为其承载力检验荷载的实测值;当在规定的荷载持续时间结束后出现上述破坏标志时,应取本级荷载作为其承载力检验荷载实测值。

G.0.9 构件的挠度可用百分表、位移传感器、水平仪等进行观测。当采用等效集中荷载模拟均布荷载进行试验时,挠度实测值应乘以修正系数。当采用三分点加载时,修正系数取 0.98;当采用其他形式集中力加载时,修正系数应经计算确定。

G.0.10 观察裂缝可采用放大镜。当在规定的荷载持续时间内出现裂缝时,应取本级荷载值与前一级荷载值的平均值作为其开裂荷载的实测值;当在规定的荷载持续时间结束后出现裂缝时,应取本级荷载值作为其开裂荷载实测值。

G.0.11 裂缝宽度可采用精度为 0.05 mm 的读数显微镜或裂缝观测片等进行观测。

G.0.12 钢结构杆件应力检测,可根据实际条件选用应力磁测仪或电阻应变仪进行实际应力检测。电阻应变仪可测得加、卸载过程中的应力变化情况;应力磁测仪可测得当前状态的总应力。

G.0.13 试验过程中应注意人身和仪表安全,采用有效的防护措施,如在构件下部设置防护支撑、隔离栏等。

附录 H 构件权重计算实用方法

H.0.1 每层内结构构件的权重应采用本附录规定的层次分析法或权重比法计算。

H.0.2 用层次分析法确定各类构件的权重系数时,应按下列步骤进行:

1 构造判断矩阵

用 c_{ij} 表示构件 i 和构件 j 对结构的影响之比,形成判断矩阵。

$$C = (c_{ij}) \tag{H.0.2}$$

矩阵元素的取值按表 H.0.2 确定。

表 H.0.2 构件权重比值的确定

i/j	相同	稍强	强	很强	绝对强
比值	1	3	5	7	9

2 权重计算

判断矩阵 C 的最大特征值对应的特征向量即为权重向量,记为 $\boldsymbol{\omega} = (\omega_1, \omega_2, \cdots, \omega_n)^T$。

3 一致性检验

令矩阵 $A = (\alpha_{ij})_{n \times n}$,其中 $\alpha_{ij} = c_{ij}/(\omega_i \sum_{i=1}^{n} c_{ij})$ 可视作以 1 为均值的正态随机变量,即 $\alpha_{ij} \sim N(1, \sigma^2)$,且 α_{ij} 相互独立。统计量 $\chi^2 = \frac{1}{\sigma^2} \sum_i \sum_j (\alpha_{ij} - 1)^2$ 服从自由度为 n^2 的 χ^2 分布,当判断矩阵 C 的观测值 $\chi^2 > \chi^2_{1-\alpha}(n^2)$ 时即可认为 C 的一致性不满足要求;反之,则认为 C 的一致性满足要求。

对低阶判断矩阵一般可取 $\sigma^2=1/16$，高阶判断矩阵可取 $\sigma^2=1/9$；一般取 $\alpha=0.05$。

H.0.3 用权重比法确定构件的权重系数时，应根据结构类型及每层各类构件的数量，按式（H.0.3）计算各构件权重系数。

$$\omega_i = \frac{r_i}{\sum r_i n_i} \qquad (\text{H.0.3})$$

式中：ω_i——i 类构件各构件的权重系数；
r_i——i 类构件的权重比，按表 H.0.3 取值；
n_i——i 类构件的数量。

表 H.0.3　各类构件权重比值

	边柱	中柱	屋架	屋面板	吊车梁	檩条
单层工业厂房	3.57	6.00	1.89	1.00	1.89	—
	3.73	6.44	2.00	1.00	—	—
	4.99	8.28	2.74	—	2.74	1.00

	楼(屋)面板	次梁	主梁(或梁)	柱		墙体
多层混合结构房屋	1.00	—	—	—		3.00
	1.00	1.76	2.96	5.36		5.36

	楼(屋)面板	梁	边柱		中柱
多高层框架结构房屋	1.00	1.78	3.08		5.46

	楼(屋)面板	梁	边柱	中柱	剪力墙
多高层框架剪力墙结构房屋	1.00	1.76	2.96	5.36	5.36
	1.00	—	2.00	4.00	4.00

	楼(屋)面板	梁		剪力墙
多高层剪力墙结构房屋	1.00	—		3.00
	1.00	1.88		5.30

附录 J 目标工作年限内混凝土中钢筋最大锈蚀深度预测

J.0.1 在目标工作年限 T 内一般大气环境下混凝土中钢筋最大锈蚀深度按下列步骤计算：

1 计算钢筋开始锈蚀的时间 t_i：

$$t_i = \left(\frac{c - x_0}{k_c}\right)^2 \quad (J.0.1\text{-}1)$$

式中：c——混凝土保护层厚度；
x_0——碳化残量（部分碳化区深度）；
k_c——碳化速度系数。

碳化残量按式（J.0.1-2）计算：

$$x_0 = (1.2 - 0.35 k_c^{0.5}) c - \frac{5.4}{k_{ce} + 1.5}(1.5 + 0.84 k_c)$$

$$(J.0.1\text{-}2)$$

式中：k_{ce}——局部环境影响系数，可按表 J.0.1 取值。

碳化速度系数可根据实测碳化深度代表值 x_c 和已工作年限 t_u 取 $k_c = \dfrac{x_c}{\sqrt{t_u}}$。无条件进行碳化深度检测时，也可按式（J.0.1-3）计算：

$$k_c = k_{CO_2} k_{kl} k_{kt} k_{ks} T E^{1/4} RH(1-RH)\left(\frac{58}{f_{cuk}} - 0.76\right)$$

$$(J.0.1\text{-}3)$$

式中：k_{CO_2}——CO_2 浓度影响系数，$k_{CO_2} = \sqrt{\dfrac{C_0}{0.03}}$，$C_0$ 为 CO_2 浓

度(%);

k_{kl}——位置影响系数,构件角区取 1.4,非角区取 1.0;

k_{kt}——养护浇注影响系数,取 1.2;

k_{ks}——工作应力影响系数,受压时取 1.0,受拉时取 1.2;

TE 和 RH——环境温度和相对湿度。

表 J.0.1 环境类别和局部环境系数

环境类别	环境状况	局部环境系数 k_{ce}
一般大气环境	一般室内环境,一般室外不淋雨环境	1.0
	室内潮湿和长期与水或湿润土体接触的构件	1.5
	室内高温、高湿度变化环境	2.0
	室内干湿交替环境(表面淋水或结露)	3.0~3.5
	干燥地区室外淋雨环境	3.5
	潮湿地区室外淋雨环境	4.0
大气污染环境	室内轻微污染环境Ⅰ类(钢铁、有色、化工企业机修类)	1.2~1.5
	室内轻微污染环境Ⅱ类(炼钢等)	2.0~2.5
	室内轻微污染环境Ⅲ类(焦化、化工)	3.0~3.5
	酸雨环境	—
	盐碱地区室外环境	
海洋环境	受盐雾作用的大气区,离海岸 5 km 以内	—
	受盐雾作用的大气区,离海岸 1 km 以内	—
	受盐雾作用的大气区,离海岸 500 m 以内	—
	水位变化区和浪溅区	

2 若 $t_i > t_u + T$,则表示目标工作年限内钢筋不会发生锈蚀,$\delta_e = 0$。

3 若 $t_i < t_u$,则表示混凝土中钢筋已经发生锈蚀,于是

$$\delta_e = \lambda_0 (t_u + T - t_i) \tag{J.0.1-4}$$

式中：δ_e——目标工作年限内最大锈蚀深度；
λ_0——保护层锈胀开裂前的钢筋锈蚀速度，可根据实测钢筋锈蚀深度 δ_0 和已工作年限 t_u 按式(J.0.1-5)计算，也可采用阳极电流密度法按照本标准第 F.0.6 条测得。

$$\lambda_0 = \frac{\delta_0}{t_u - t_i} \qquad (J.0.1-5)$$

4 按照本标准第 6.3.6 条计算混凝土保护层锈胀开裂时钢筋的锈蚀深度。

5 若 $\delta_e \leqslant \delta_{cr}$，则说明目标工作年限内保护层不会锈胀开裂，目标工作年限内最大锈蚀深度为 δ_e。

6 若 $\delta_e > \delta_{cr}$，则说明目标工作年限内保护层将发生锈胀开裂，目标工作年限内最大锈蚀深度为

$$\delta_e = \delta_{cr} + \lambda_1 (t_u + T - t_i - t_{cr}) \text{ 或 } \delta_e = \delta_0 + \lambda_1 T$$
$$(J.0.1-6)$$

式中：λ_1——保护层锈胀开裂后的钢筋锈蚀速度，可根据实测锈蚀深度 δ_0 和已工作年限 t_u 按式(J.0.1-7)计算，也可采用阳极电流密度法按照本标准第 F.0.6 条测得。

$$\lambda_1 = \frac{\delta_0 - \delta_{cr}}{t_u - t_i - t_{cr}} \qquad (J.0.1-7)$$

J.0.2 在目标工作年限 T 内海洋环境下混凝土中钢筋最大锈蚀深度按下列步骤计算：

1 计算钢筋开始锈蚀的时间 t_i：

$$t_i = \left\{ \frac{c^2(1-a)T_{ref}}{4 \cdot 365^{1-a} \cdot \left[\text{erf}^{-1}\left(\frac{c_{crit}-c_0}{c_{s,n}-c_0}\right)\right]^2 k'_t k'_c k'_e D_{ref} \cdot \overline{T_n} \cdot t^a_{ref} \cdot e^{q \cdot \left(\frac{1}{T_{ref}+273} - \frac{1}{T_n+273}\right)}} \right\}^{\frac{1}{1-a}}$$

$$(J.0.2-1)$$

式中：a——龄期系数，按表 J.0.2-1 规定确定；
c_0——混凝土内部初始氯离子含量（占混凝土质量）（100%）；
w——每单位体积（1 m³）混凝土的水用量（kg/m³）；
b——每单位体积（1 m³）混凝土的胶凝材料用量（kg/m³）。
c_{crit}——临界氯离子含量（占混凝土质量）（100%）；
$\overline{c_{s,n}}$——混凝土表面氯离子含量代表值的平均值（100%）；
k'_t——修正系数，取为 1；
k'_c——混凝土养护条件影响系数，按表 J.0.2-2 规定确定；
k'_e——环境条件影响系数，按表 J.0.2-3 规定确定；
q——活化常数（K），按表 J.0.2-4 规定确定；
t_{ref}——参考龄期（d），取为 28 d；
D_{ref}——参考龄期 t_{ref} 的混凝土扩散系数（m²/s），取为 $10^{-12.06+2.4(w/b)}$；
T_{ref}——参考温度（℃），取为 20℃；
$\overline{T_n}$——环境温度代表值的平均值（℃）；
$\text{erf}^{-1}(\cdot)$——误差函数的反函数。

表 J.0.2-1 龄期系数 a

海洋环境＼胶凝材料	硅酸盐水泥	硅酸盐水泥＋粉煤灰	硅酸盐水泥＋矿渣	硅酸盐水泥＋硅粉
水下区	0.3	0.69	0.71	0.62
潮汐、浪溅区	0.37	0.93	0.60	0.39
大气区	0.65	0.66	0.85	0.79

表 J.0.2-2 混凝土养护条件影响系数 k'_c

养护时间（d）	1	3	7	28	28 以上
k'_c	2.08	1.50	1	0.79	0.79

表 J.0.2-3 环境条件影响系数 k'_e

胶凝材料/环境	硅酸盐水泥				矿渣			
	水中	潮汐区	浪溅区	大气区	水中	潮汐区	浪溅区	大气区
k'_e	1.32	0.92	0.27	0.68	3.88	2.70	0.78	1.98

表 J.0.2-4 活化常数 q

水胶比	0.4	0.5	0.6
活化常数 q(K)	6 000	5 450	3 850

2 按第 J.0.1 条第 2～6 款规定确定最大锈蚀深度。

附录 K 锈蚀钢筋/预应力筋应力-应变关系模型

K.0.1 锈蚀钢筋的受拉应力-应变关系应考虑锈蚀导致的强度退化、极限应变减小以及屈服平台缩短甚至消失,其受拉应力-应变关系见图 K.0.1,并根据式(K.0.1-1)计算。

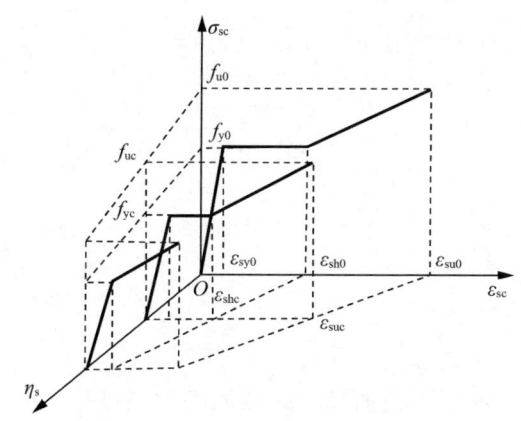

图 K.0.1 锈蚀钢筋受拉应力-应变关系

$$\sigma_{sc} = \begin{cases} E_{s0}\varepsilon_{sc} & \left(\varepsilon_{sc} \leqslant \varepsilon_{syc} = \dfrac{f_{yc}}{E_{s0}}\right) \\ f_{yc} & \left(\varepsilon_{syc} = \dfrac{f_{yc}}{E_{s0}} \leqslant \varepsilon_{sc} \leqslant \varepsilon_{shc}\right) \\ f_{yc} + \dfrac{\varepsilon_{sc} - \varepsilon_{shc}}{\varepsilon_{suc} - \varepsilon_{shc}}(f_{uc} - f_{yc}) & (\varepsilon_{sc} > \varepsilon_{shc}) \end{cases}$$

(K.0.1-1)

式中:E_{s0}——未锈蚀钢筋的弹性模量;

f_{yc}——锈蚀钢筋受拉屈服强度,按式(K.0.1-2)计算;

f_{uc}——锈蚀钢筋受拉极限强度,按式(K.0.1-3)计算;
ε_{syc}——锈蚀钢筋屈服应变;
ε_{shc}——锈蚀钢筋强化应变,按式(K.0.1-4)计算;
ε_{suc}——锈蚀钢筋极限应变,按式(K.0.1-5)计算。

$$f_{yc} = \frac{1-1.092\eta_s}{1-\eta_s} f_{y0} \qquad (K.0.1\text{-}2)$$

$$f_{uc} = \frac{1-1.152\eta_s}{1-\eta_s} f_{u0} \qquad (K.0.1\text{-}3)$$

式中:f_{y0}——未锈蚀钢筋受拉屈服强度;
f_{u0}——未锈蚀钢筋受拉极限强度。

$$\varepsilon_{shc} = \begin{cases} \dfrac{f_{yc}}{E_{s0}} + \left(\varepsilon_{sh0} - \dfrac{f_{y0}}{E_{s0}}\right) \cdot \left(1 - \dfrac{\eta_s}{\eta_{s,cr}}\right) & \eta_s \leqslant \eta_{s,cr} \\ \dfrac{f_{yc}}{E_{s0}} & \eta_s > \eta_{s,cr} \end{cases}$$

$$(K.0.1\text{-}4)$$

式中:ε_{sh0}——未锈蚀钢筋受拉强化应变;
$\eta_{s,cr}$——屈服平台消失时的截面临界锈蚀率,对变形钢筋取0.2,对光圆钢筋取0.1。

$$\varepsilon_{suc}(\eta_s) = \begin{cases} \varepsilon_{su0}(1-2.001\eta_s) & (0 \leqslant \eta_s < 0.2) \\ \varepsilon_{su0}(0.840-1.200\eta_s) & (0.2 \leqslant \eta_s < 0.4) \\ \varepsilon_{su0}(0.648-0.720\eta_s) & (0.4 \leqslant \eta_s < 0.6) \\ \varepsilon_{su0}(0.475-0.432\eta_s) & (0.6 \leqslant \eta_s \leqslant 0.8) \end{cases}$$

$$(K.0.1\text{-}5)$$

式中:ε_{su0}——未锈蚀钢筋极限应变。

K.0.2 未锈蚀钢筋的受拉力学性能参数取值应符合下列规定:

  1 当方便实测时,应采用实际结构中钢筋的未锈蚀段实测确定。

2 当不方便实测时,可根据钢筋强度等级按现行国家标准《混凝土结构设计规范》GB 50010 的有关规定确定。

K.0.3 锈蚀预应力筋的应力-应变关系应考虑锈蚀导致的强度降低,其应力-应变关系见图 K.0.3,并根据式(K.0.3-1)及式(K.0.3-2)计算:

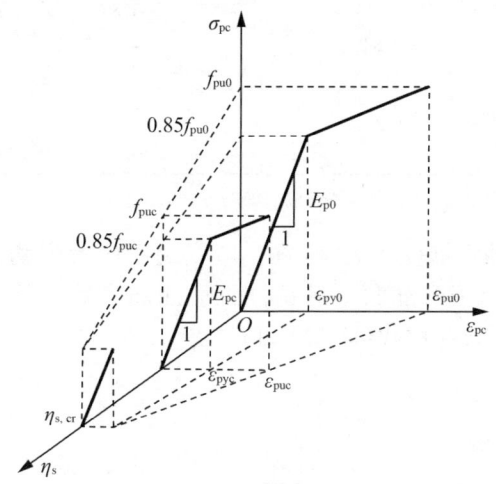

图 K.0.3 锈蚀预应力筋受拉应力-应变关系

当 $\eta_s < \eta_{s,cr}$ 时,

$$\sigma_{pc} = \begin{cases} \varepsilon_{pc} E_{pc}, & \varepsilon_{pc} \leqslant \varepsilon_{pyc} \\ 0.85 f_{puc} + (\varepsilon_{pc} - \varepsilon_{p0c}) \left(\dfrac{0.15 f_{puc}}{\varepsilon_{puc} - \varepsilon_{pyc}} \right), & \varepsilon_{pc} > \varepsilon_{pyc} \end{cases}$$

(K.0.3-1)

当 $\eta_s \geqslant \eta_{s,cr}$ 时,

$$\sigma_{pc} = \varepsilon_{pc} E_{pc} \qquad (K.0.3-2)$$

式中:f_{puc} ——锈蚀预应力筋极限强度,按表 K.0.3 规定确定;

ε_{puc} ——锈蚀预应力筋极限强度所对应的应变,按表 K.0.3 规定确定;

ε_{pyc}——锈蚀预应力筋的屈服应变,取 $\varepsilon_{pyc}=0.85 f_{puc}/E_{pc}$;

E_{pc}——锈蚀预应力筋的弹性模量,按表 K.0.3 规定确定;

$\eta_{s,cr}$——强化段消失的临界锈蚀率,取 $\eta_{s,cr}=0.08$。

表 K.0.3 锈蚀预应力筋本构模型中特征参数的取值

预应力筋	E_{pc}	f_{puc}	ε_{puc}
钢绞线	$(1-0.848\eta_s)E_{p0}$	$\dfrac{(1-2.683\eta_s)f_{pu0}}{1-\eta_s}$	$(1-9.387\eta_s)\varepsilon_{pu0}$
钢筋钢丝	E_{p0}	$\dfrac{(1-1.935\eta_s)f_{pu0}}{1-\eta_s}$	

注:E_{p0}、f_{pu0}、ε_{pu0} 分别为未锈预应力筋的弹性模量、极限强度、极限应变。

K.0.4 锈蚀钢筋受压名义应力-应变关系应考虑锈蚀导致混凝土保护层剥落或箍筋断裂后锈蚀钢筋屈曲失效,其应力-应变关系见图 K.0.4,并按式(K.0.4-1)计算。

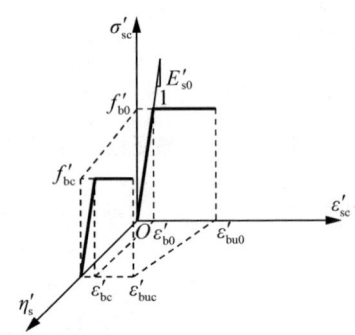

图 K.0.4 锈蚀钢筋受压应力-应变关系

$$\sigma'_{sc}=\begin{cases} E'_{s0}\varepsilon'_{sc} & (0\leqslant\varepsilon'_{sc}\leqslant\varepsilon'_{bc}) \\ f'_{bc} & (\varepsilon'_{bc}<\varepsilon'_{sc}\leqslant\varepsilon'_{uc}) \\ 0 & (\varepsilon'_{sc}>\varepsilon'_{uc}) \end{cases} \quad (K.0.4-1)$$

式中:E'_{s0}——未锈蚀钢筋的受压弹性模量;

f'_{bc}——锈蚀钢筋受压屈曲或屈服强度,按式(K.0.4-2)计算;
ε'_{sc}——锈蚀钢筋受压应变;
ε'_{bc}——锈蚀钢筋受压屈曲或屈服应变,即f'_{bc}/E'_{s0};
ε'_{uc}——锈蚀钢筋受压极限应变。

$$f'_{bc} = \min\{f'_{bcc}, f'_{yc}\} \quad (K.0.4-2)$$

式中:f'_{bcc}——锈蚀钢筋的受压屈曲强度,按式(K.0.4-3)计算;
f'_{yc}——锈蚀钢筋受压屈服强度,按式(K.0.1-2)计算。

$$f'_{bcc} = \pi^2 E'_{s0} d'^2_0 (1-\eta'_s)/[16(\mu s)^2] \quad (K.0.4-3)$$

式中:s——受压锈蚀钢筋的有效长度,取受压区内相邻两箍筋间的最大距离;
μ——受压锈蚀钢筋的有效长度因子,可取$\mu=1.0$;
η'_s——受压钢筋的锈蚀率。

附录 L 锈蚀混凝土结构构件承载力及抗弯刚度计算方法

L.1 锈蚀钢筋混凝土构件的轴心抗压承载力

L.1.1 锈蚀矩形截面普通箍筋混凝土构件轴心抗压承载力应考虑锈蚀导致的混凝土和钢筋有效受力面积和力学性能的降低，并按式(L.1.1-1)计算。

$$N_{cu} = f_c A_{0c} + \sigma'_{sc} A'_{s0}(1-\eta'_s) \quad (L.1.1\text{-}1)$$

式中：N_{cu}——轴心受压短构件承载力；
　　　A_{0c}——锈损后混凝土截面的净面积，按式(L.1.1-2)计算；
　　　A'_{s0}——受压纵筋初始截面积；
　　　σ'_{sc}——受压锈蚀纵筋的应力；
　　　η'_s——受压纵筋锈蚀率；
　　　f_c——混凝土的轴心抗压强度。

$$A_{0c} = bh - A'_{s0} - \sum_{i=1}^{m} \varphi_i A_{cs,i} - \sum_{j=1}^{n} \theta_j A_{cv,j} \quad (L.1.1\text{-}2)$$

式中：m——纵筋数量；
　　　n——箍筋的肢数；
　　　$A_{cs,i}$——第 i 根纵筋锈蚀可引起的最大混凝土剥落面积，其计算简图如图 L.1.1 所示，按式(L.1.1-3)计算；
　　　$A_{cv,j}$——第 j 肢箍筋锈蚀可引起的最大混凝土剥落面积，其计算简图如图 L.1.1 所示，按式(L.1.1-4)计算；
　　　φ_i——第 i 根纵筋锈蚀可引起的最大混凝土剥落面积的折减系数，按式(L.1.1-5)计算；
　　　θ_j——第 j 肢箍筋锈蚀可引起的最大混凝土剥落面积的折

减系数,按式(L.1.1-6)计算。

$$A_{cs,i} = 1.45(c'_i + d_{v0,i} + 0.5d'_{0,i})^2 \quad (L.1.1-3)$$

$$A_{cv,j} = [l - 2.5(c'_j + d_{v0,j}) - 1.5d'_{0,j}](c'_j + d_{v0,j})$$
$$(L.1.1-4)$$

式中:$d_{v0,j}$——第 j 肢箍筋的初始直径;

$d'_{0,i}$——第 i 根纵筋的初始直径;

l——与单肢箍筋同侧的混凝土保护层截面长度,即 $l = b$ 或 h。

$$\varphi_i = \eta'_{s,i} / \eta'_{s,i,0} \quad (L.1.1-5)$$

$$\theta_j = \eta_{v,j} / \eta_{v,j,0} \quad (L.1.1-6)$$

式中:$\eta_{v,j}$——第 j 肢箍筋的锈蚀率;

$\eta'_{s,i,0}$——引发混凝土表面开裂的第 i 根纵筋的临界锈蚀率,按式(L.1.1-7)计算;

$\eta_{v,j,0}$——引发混凝土表面开裂的第 j 肢箍筋的临界锈蚀率,按式(L.1.1-8)计算。

$$\eta'_{s,0} = 1 - \{1 - [15.06 + 18.64(c' + d_{v0})/d'_0]/d'_0 \times 10^{-3}\}^2$$
$$(L.1.1-7)$$

$$\eta_{v,0} = 1 - [1 - (15.06 + 18.64c'/d_{v0})/d_{v0} \times 10^{-3}]^2$$
$$(L.1.1-8)$$

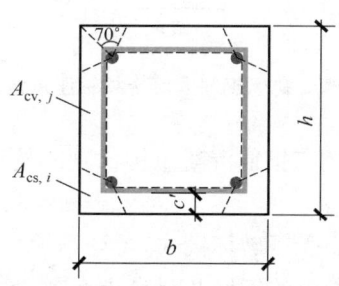

图 L.1.1 纵筋、箍筋锈蚀引起混凝土保护层剥落的最大面积

L.1.2 当计算锈蚀普通钢筋混凝土构件轴心抗压承载力时,宜先判定破坏模式,再进行承载力计算,并按图 L.1.2 所示步骤计算。

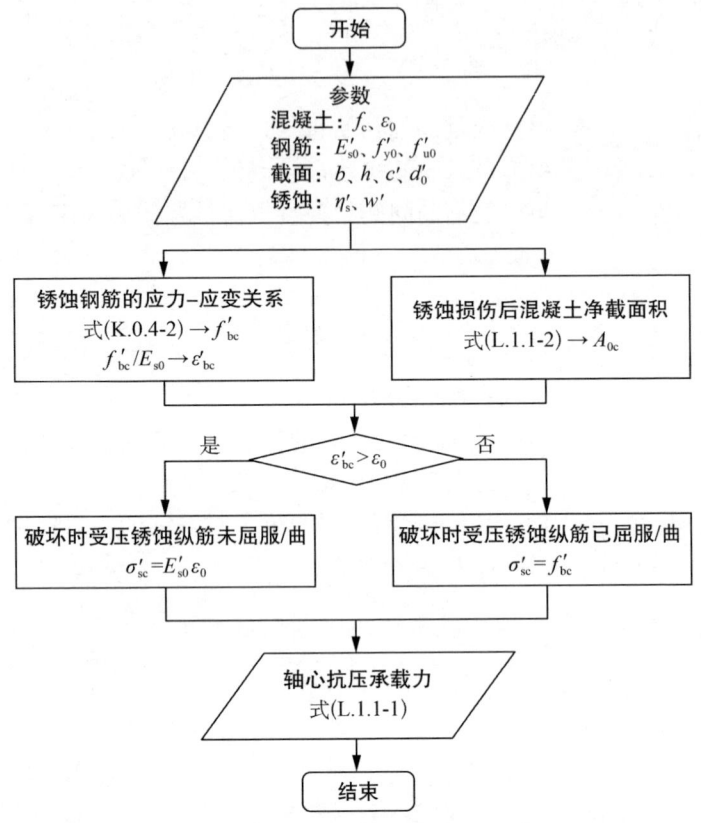

图 L.1.2 锈蚀普通钢筋混凝土柱轴压承载力计算流程

L.1.3 锈蚀箍筋约束钢筋混凝土构件轴心抗压承载力计算应符合下列规定:

1 先判定轴心受压破坏模式,再计算轴心抗压承载力。

2 考虑锈蚀导致的钢筋和混凝土有效受力面积的减小以及箍筋对核芯混凝土的约束作用降低,按下式计算:

$$N_{cu} = f_{cc}A_{cc,m} + f_c A_{c,m} + \sigma'_{sc}A'_{s0}(1-\eta'_s)$$
(L.1.3-1)

式中：N_{cu}——轴心受压加密箍筋约束混凝土构件的承载力；

$A_{cc,m}$——箍筋有效约束混凝土区域面积，按图 L.1.3-1 确定，并按式（L.1.3-2）计算；

$A_{c,m}$——箍筋弱约束混凝土区域面积，按图 L.1.3-1 确定，并按式（L.1.3-3）计算；

f_{cc}——箍筋约束混凝土峰值压应力，按式（L.1.3-4）确定；

σ'_{sc}——受压锈蚀纵筋应力，一般可取为 f'_{bc}，并按式（K.0.4-2）计算；

A'_{s0}——受压锈蚀纵筋的初始面积；

η'_s——受压纵筋锈蚀率。

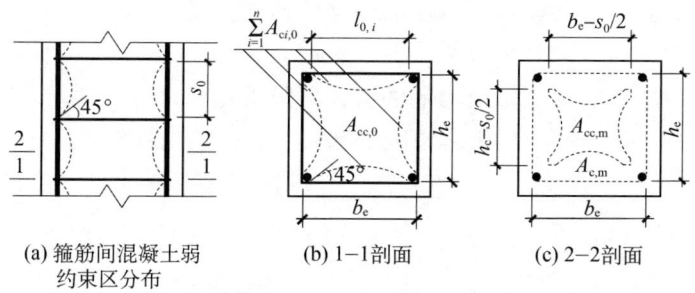

(a) 箍筋间混凝土弱约束区分布　　(b) 1—1剖面　　(c) 2—2剖面

图 L.1.3-1　矩形截面钢筋混凝土轴心受压构件箍筋约束混凝土有效约束区分布

$$A_{cc,m} = \left(b_e h_e - \sum_{i=1}^{n}\frac{l_{0,i}^2}{6}\right)\left(1-\frac{s_0}{2b_e}\right)\left(1-\frac{s_0}{2h_e}\right)$$
(L.1.3-2)

$$A_{c,m} = b_e h_e - A_{cc,m}$$
(L.1.3-3)

式中：b_e——锈损截面的有效宽度，即 $b - 2c_b - 2d_{v0}$；

h_e——锈损截面的有效高度，即 $h - 2c_h - 2d_{v0}$；

c_b——垂直于宽度方向的箍筋的混凝土保护层厚度;

c_h——垂直于高度方向的箍筋的混凝土保护层厚度;

s_0——两相邻有效箍筋的间距;

$l_{0,i}$——有效约束区第 i 边的边长,可近似取为 h_e 或 b_e。

3 锈蚀钢筋的应力-应变关系符合本标准附录 K 规定。

4 约束混凝土的强度按下式确定:

$$f_{cc} = f_c(1 + 2k_e \lambda_{svc}) \quad (L.1.3-4)$$

式中:λ_{svc}——锈蚀箍筋约束指标,按式(L.1.3-5)计算;

k_e——约束有效系数,按式(L.1.3-6)计算。

$$\lambda_{svc} = \rho_{sv0}(1 - 1.152\eta_v)f_{vu0}/f_c \quad (L.1.3-5)$$

$$k_e = A_{cc,m}/(b_e h_e - A'_{s0}) \quad (L.1.3-6)$$

式中:ρ_{sv0}——未锈蚀时箍筋的体积配箍率;

η_v——箍筋锈蚀率;

f_{vu0}——未锈蚀时箍筋的抗拉极限强度。

5 锈蚀箍筋的应变按下式计算:

$$\begin{aligned}\varepsilon_{svc} &= \nu_0 \varepsilon_{cu}(j_2 \varepsilon_{cc}/\varepsilon_{cu} + k_2) \\ &= \begin{cases} \nu_0 \varepsilon_{cu}(6\varepsilon_{cc}/\varepsilon_{cu} - 2.5725) & (0.6 < \varepsilon_{cc}/\varepsilon_{cu} \leqslant 0.735) \\ \nu_0 \varepsilon_{cu}(2.5\varepsilon_{cc}/\varepsilon_{cu}) & (\varepsilon_{cc}/\varepsilon_{cu} > 0.735) \end{cases}\end{aligned}$$

$$(L.1.3-7)$$

式中:ν_0——单轴受压混凝土泊松比,取为 0.2;

ε_{cu}——单轴受压混凝土的极限压应变;

ε_{cc}——约束混凝土峰值压应变,按下式计算:

$$\varepsilon_{cc} = \varepsilon_0(1 + 10k_e \lambda_{svc}) \quad (L.1.3-8)$$

式中:ε_0——单轴受压混凝土的峰值应力对应的应变。

6 按图 L.1.3-2 所示步骤计算轴心抗压承载力,且计算值不应小于按第 L.1.1 条规定确定的计算值。

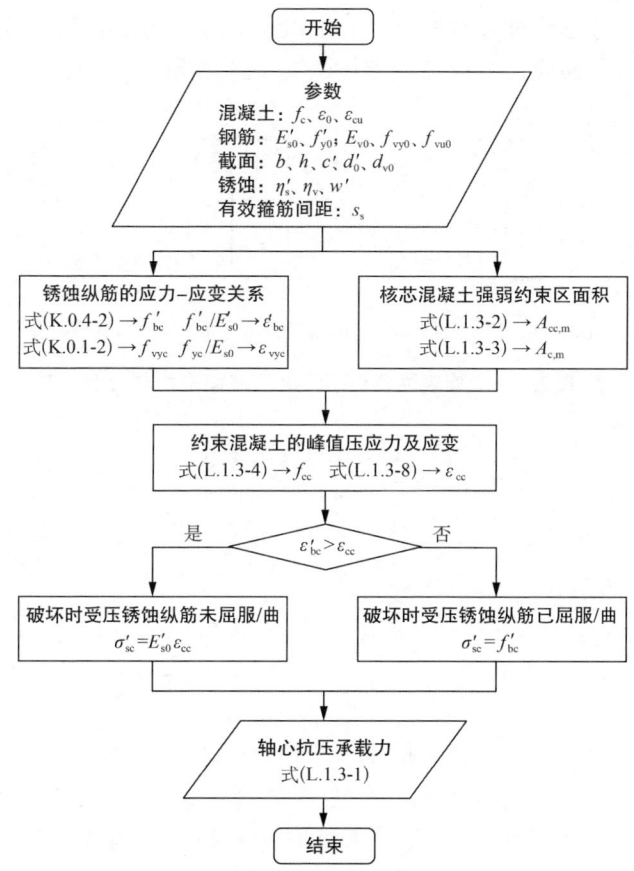

图 L.1.3-2 考虑箍筋约束时轴心抗压承载力计算步骤

L.2 锈蚀钢筋混凝土构件的正截面抗弯承载力

L.2.1 锈蚀钢筋混凝土构件正截面抗弯承载力计算应符合下列规定：

1 锈蚀钢筋的应力-应变关系符合本标准附录 K 规定。

2 受压区混凝土的应力图形简化为等效的矩形应力图，且符合国家标准《混凝土结构设计规范》GB 50010—2010（2015 年版）第 6.2.6 条规定。

3 考虑锈蚀导致的钢筋和混凝土有效受力面积的降低。
4 截面应力与应变分布按图 L.2.1 确定。

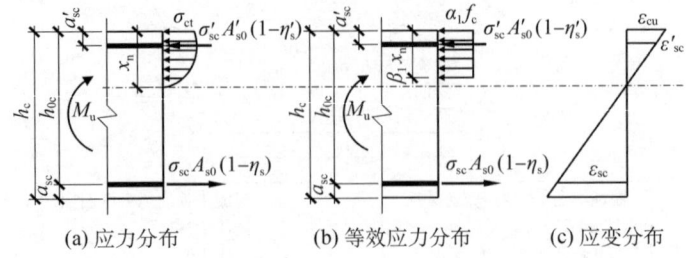

(a) 应力分布　　　(b) 等效应力分布　　　(c) 应变分布

图 L.2.1　受弯锈蚀构件破坏时正截面应力与应变分布

5 力与弯矩平衡方程按下列规定采用：

力平衡
$$\alpha_1 f_c b_c \xi h_{0c} + \sigma'_{sc} A'_{s0}(1-\eta'_s) = \sigma_{sc} A_{s0}(1-\eta_s) \quad (L.2.1\text{-}1)$$

弯矩平衡
$$M_u = \alpha_1 f_c b_c h_{0c}^2 (\xi - 0.5\xi^2) + \sigma'_{sc} A'_{s0}(1-\eta'_s)(h_{0c} - a'_{sc})$$
$$(L.2.1\text{-}2)$$

式中：α_1——等效矩形应力图相关系数。

ξ——与等效矩形应力图相应的相对受压区高度。

h_c, h_{0c}, b_c——锈蚀损伤后的截面高度、截面有效高度、截面宽度，为简化计算可取 $b_c=b$；若不考虑压区混凝土保护层剥落，可取 $h_c=h$，$h_{0c}=h_0$。

a_{sc}, a'_{sc}——锈蚀损伤后截面边缘至受拉、受压纵筋合力点的距离。

A_{s0}, A'_{s0}——受拉、受压纵筋初始面积。

$\sigma_{sc}, \varepsilon_{sc}$——受拉锈蚀纵筋的应力、应变。

η_s, η'_s——受拉、受压纵筋的平均锈蚀率。

$\sigma'_{sc}, \varepsilon'_{sc}$——受压锈蚀纵筋的应力、应变。

6 正截面保持平面，且满足下式：

$$\xi = \frac{\beta_1 x_n}{h_{0c}} = \frac{\beta_1 \varepsilon_{ct}}{\varepsilon_{sc} + \varepsilon_{ct}} = \frac{\beta_1 \varepsilon_{cu}}{\varepsilon_{sc} + \varepsilon_{cu}} \quad (L.2.1\text{-}3)$$

式中:β_1——等效矩形应力图相关系数;
x_n——混凝土受压区真实高度;
ε_{ct}——混凝土边缘压应变;
ε_{cu}——混凝土极限压应变。

L.2.2 计算界限锈蚀率和正截面抗弯承载力时,应考虑受压纵筋锈蚀导致的受压区混凝土剥落的影响,且应符合下列规定:

1 当 $\eta'_s < \eta'_{s,sp}$ 时,可认为受压区混凝土保护层完好。

2 当 $\eta'_s \geqslant \eta'_{s,sp}$ 时,认为受压区混凝土保护层完全剥落,正截面有效受压高度减小为$(h_{0c} - a'_{sc})$,构件受弯破坏时受压锈蚀钢筋受压屈曲或屈服、受压锈蚀钢筋同高度处混凝土压碎。

3 受压钢筋锈蚀导致的受压区混凝土保护层剥落的临界锈蚀率 $\eta'_{s,sp}$ 按下式确定:

$$\eta'_{s,sp} = \frac{4w'_{cr}}{0.0575\pi d'^2_0} + 1 - \left[1 - \frac{2}{d'_0}\left(7.53 + 9.32\frac{c'}{d'_0}\right) \times 10^{-3}\right]^2$$
(L.2.2)

式中:w'_{cr}——受压区混凝土保护层剥落临界锈胀裂缝宽度,对于变形钢筋,$w'_{cr} = 3.5$ mm,对于光圆钢筋,$w'_{cr} = 2.5$ mm;
d'_0——受压钢筋初始直径;
c'——受压区混凝土保护层厚度。

L.2.3 受压纵筋的应力状态可按下列规定确定:

1 计算受压纵筋刚好屈服/屈曲时受压区高度(x_{bb})和相对受压区高度(ξ'_{bb})。

$$x_{bb} = \beta_1 \varepsilon_{cu} a'_{sc} / (\varepsilon_{cu} - \varepsilon'_{bc}) \quad (L.2.3\text{-}1)$$

$$\xi'_{bb} = \beta_1 \varepsilon_{cu} a'_{sc} / [(\varepsilon_{cu} - \varepsilon'_{bc}) h_{0c}] \quad (L.2.3\text{-}2)$$

式中:ε'_{bc}——受压锈蚀纵筋达到实际极限应力 f'_{bc} 时的应变;
x_{bb}——受压钢筋刚好屈服/屈曲时截面受压区高度;
ξ'_{bb}——受压钢筋刚好屈服/屈曲时截面相对受压区高度。

2 若受压区高度 $x \geqslant x_{bb}$ 或相对受压区高度 $\xi \geqslant \xi'_{bb}$,受压纵筋已屈服/屈曲。

3 若 $x < x_{bb}$ 或 $\xi < \xi'_{bb}$,受压纵筋仍处于弹性状态。

L.2.4 锈蚀钢筋混凝土构件正截面抗弯承载力计算宜先判定正截面受弯破坏模式,再计算正截面抗弯承载力,并按图 L.2.4 所示步骤计算。

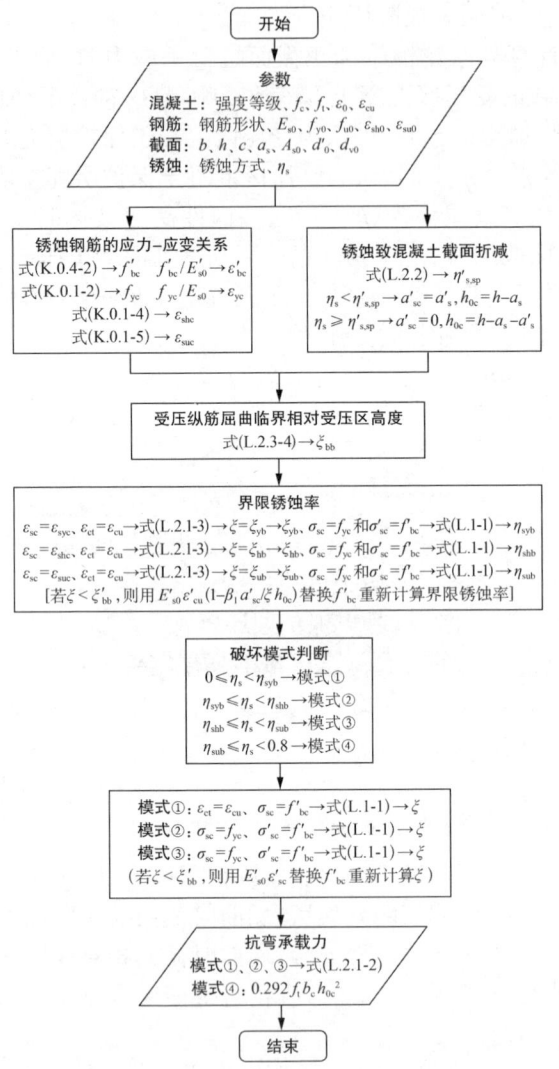

图 L.2.4 锈蚀钢筋混凝土构件正截面抗弯承载力计算步骤

L.3 锈蚀钢筋混凝土构件的偏心抗压承载力

L.3.1 锈蚀钢筋混凝土构件偏心抗压承载力计算应符合下列规定:

1 锈蚀钢筋的应力-应变关系符合本标准附录K规定。

2 受压区混凝土的应力图形简化为等效的矩形应力图,且符合国家标准《混凝土结构设计规范》GB 50010—2010(2015年版)第6.2.6条规定。

3 考虑锈蚀导致的钢筋和混凝土有效受力面积的降低。

4 截面应力与应变分布按图L.3.1确定。

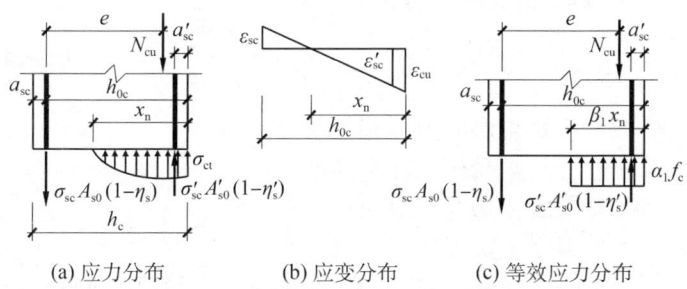

(a) 应力分布　　(b) 应变分布　　(c) 等效应力分布

图 L.3.1 偏心受压锈蚀钢筋混凝土构件正截面应力与应变分布

5 力与弯矩平衡方程按下列规定采用:

力平衡
$$N_{cu} = \alpha_1 f_c b_c \xi h_{0c} + \sigma'_{sc} A'_{s0}(1-\eta'_s) - \sigma_{sc} A_{s0}(1-\eta_s)$$
(L.3.1-1)

弯矩平衡
$$N_{cu} e = \alpha_1 f_c b_c h_{0c}^2 \xi(1-\xi/2) + \sigma'_{sc} A'_{s0}(1-\eta'_s)(h_{0c} - a'_{sc})$$
(L.3.1-2)

式中: α_1——等效矩形应力图相关系数;

　　　ξ——与等效矩形应力图相应的相对受压区高度;

h_c, h_{0c}, b_c——锈蚀损伤后的截面高度、截面有效高度、截面宽度;

a_{sc}, a'_{sc}——锈蚀损伤后截面边缘至远侧、近侧纵筋合力点的距离;

A_{s0}, A'_{s0}——远侧、近侧纵筋初始面积;

σ_{sc}, ε_{sc}——远侧锈蚀纵筋的应力、应变;

η_s, η'_s——远侧、近侧纵筋的平均锈蚀率;

σ'_{sc}, ε'_{sc}——近侧锈蚀纵筋的应力、应变;

N_{cu}——偏心抗压承载力;

e——轴向力至远侧纵筋合力点的距离,应按国家标准《混凝土结构设计规范》GB 50010—2010(2015年版)第6.2.4条和第6.2.5条规定计入附加偏心距和二阶效应的影响。

6 正截面保持平面,且满足下式:

$$\xi = \frac{\beta_1 x_n}{h_{0c}} = \frac{\beta_1 \varepsilon_{ct}}{\varepsilon_{sc} + \varepsilon_{ct}} = \frac{\beta_1 \varepsilon_{cu}}{\varepsilon_{sc} + \varepsilon_{cu}} \quad (L.3.1-3)$$

式中: β_1——等效矩形应力图相关系数;

x_n——混凝土受压区真实高度;

ε_{ct}——混凝土边缘压应变;

ε_{cu}——混凝土极限压应变。

7 锈蚀导致的偏心受压构件混凝土有效受力面积减少按式(L.3.1-4)计算:

$$h_{0c} = h - a_s - a'_s \varphi' \quad (L.3.1-4)$$

式中: h——未锈蚀时构件截面的初始高度;

a_s, a'_s——未锈蚀时截面边缘至远侧、近侧纵筋合力点的距离;

φ'——近侧钢筋锈蚀导致保护层剥落的折减系数,按式(L.3.1-5)计算,并取为分别按箍筋锈蚀和纵筋锈蚀计算得到的折减系数的较大值。

$$\varphi' = \min\{\max\{\eta'_s/\eta'_{s,sp}, w'/w'_{cr}\}, 1\} \quad (L.3.1-5)$$

式中: w'——近侧混凝土锈胀裂缝宽度。

8 临界力臂,为远侧锈蚀纵筋应力为零时轴向力距离远侧纵筋的距离,按式(L.3.1-6)计算。

$$e_{tc} = \frac{\alpha_1 f_c b_c h_{0c}^2 \beta_1 (1-\beta_1/2) + f'_{bc} A'_{s0}(1-\eta'_s)(h_{0c}-a'_{sc})}{\alpha_1 f_c b_c \beta_1 h_{0c} + f'_{bc} A'_{s0}(1-\eta'_s)}$$

(L.3.1-6)

L.3.2 锈蚀钢筋混凝土构件偏心抗压承载力计算时,宜先判定破坏模式,再计算承载力,并按图 L.3.2 所示步骤计算。

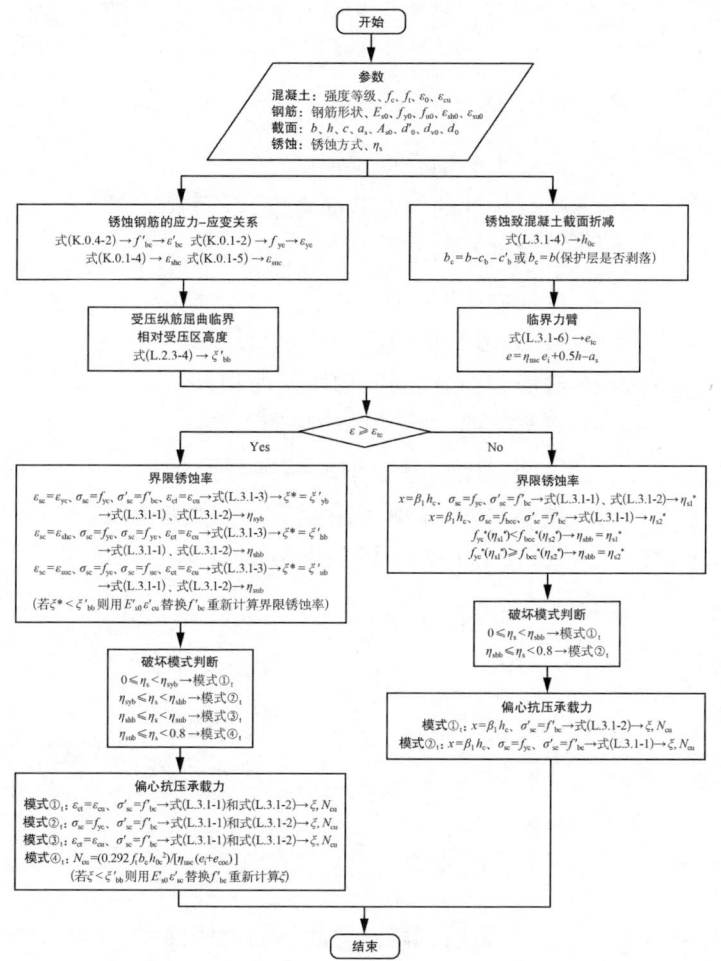

图 L.3.2 锈蚀钢筋混凝土构件偏心抗压承载力计算步骤

L.4 锈蚀钢筋混凝土构件的抗剪承载力

L.4.1 锈蚀钢筋混凝土构件的抗剪承载力按式(L.4.1-1)计算：

$$V_u = \beta_{cc}V_{c0} + \beta_{vc}V_{v0} + \beta_{bc}V_{b0} = \beta_{cc}\frac{1.75}{\lambda+1}f_t b h_0$$
$$+ \beta_{vc}f_{vy0}\frac{A_{v0}}{s}h_0 + 0.8\beta_{bc}f_{by0}A_{b0}\sin\alpha \quad (L.4.1\text{-}1)$$

式中：f_t——混凝土的轴心抗拉强度；
  b, h_0——受弯构件的初始截面宽度、截面有效高度；
  s——有效箍筋间距；
  λ——计算截面的剪跨比；
  f_{vy0}, f_{by0}——箍筋、弯起钢筋的初始屈服强度；
  A_{v0}, A_{b0}——箍筋、弯起钢筋的初始截面积；
  α——弯起钢筋与构件轴线间的夹角；
  $\beta_{cc}, \beta_{vc}, \beta_{bc}$——纵筋、箍筋、弯起钢筋锈蚀导致的混凝土项、箍筋项、弯起钢筋项折减函数，分别按式(L.4.1-2)、式(L.4.1-3)、式(L.4.1-4)计算。

$$\beta_{cc} = \begin{cases} 0.14/(\eta_s + 0.14) & (\eta_s < \eta_{s,c}) \\ 0 & (\eta_s \geqslant \eta_{s,c}) \end{cases} \quad (L.4.1\text{-}2)$$

$$\beta_{vc} = \begin{cases} 0.1/(\eta_v + 0.1) & (\eta_v < \eta_{v,c}) \\ 0 & (\eta_v \geqslant \eta_{v,c}) \end{cases} \quad (L.4.1\text{-}3)$$

$$\beta_{bc} = \begin{cases} 1 - 1.092\eta_b & (\eta_b < \eta_{b,c}) \\ 0 & (\eta_b \geqslant \eta_{b,c}) \end{cases} \quad (L.4.1\text{-}4)$$

式中：η_s, η_v, η_b——纵筋、箍筋、弯起钢筋的锈蚀率；
  $\eta_{s,c}, \eta_{v,c}, \eta_{b,c}$——纵筋、箍筋、弯起钢筋的临界锈蚀率。

L.4.2 纵筋、箍筋及弯起钢筋的临界锈蚀率按下列规定确定：
1 纵筋的临界锈蚀率按下式确定：

$$\frac{0.14}{\eta_{s,c}+0.14} \cdot \frac{1.75}{\lambda+1}f_t b h_0 = \frac{f_{y0}A_{s0}(1-1.092\eta_{s,c})}{1.38\lambda}$$
(L.4.2-1)

2 箍筋的临界锈蚀率按下式确定：

$$\eta_{v,c} = \frac{2(\lambda+1)f_{vy0}A_{v0}}{35f_t bs} - 0.1 \quad (L.4.2-2)$$

3 弯起钢筋的临界锈蚀率按下式确定：

$$\eta_{b,c} = 0.91575 - \frac{2.0032}{\lambda+1} \cdot \frac{f_t b h_0}{f_{by0}A_{b0}\sin\alpha} \quad (L.4.2-3)$$

L.4.3 按第 L.4.1 条规定计算的锈蚀构件斜截面抗剪承载力，不应大于以锈蚀损伤后截面尺寸按国家标准《混凝土结构设计规范》GB 50010—2010(2015 年版)第 6.3.1 条规定确定的锈蚀损伤后斜截面的最大抗剪承载力。

L.5 锈蚀预应力混凝土构件的正截面抗弯承载力

L.5.1 锈蚀预应力混凝土构件正截面抗弯承载力计算应符合下列规定：
1 锈蚀钢筋和预应力筋的应力-应变关系符合本标准附录 K 规定。
2 受压区混凝土的应力图形简化为等效的矩形应力图，且符合国家标准《混凝土结构设计规范》GB 50010—2010(2015 年版)第 6.2.6 条规定。
3 考虑锈蚀导致的钢筋和混凝土有效受力面积的降低。
4 截面应力与应变分布按图 L.5.1 确定。

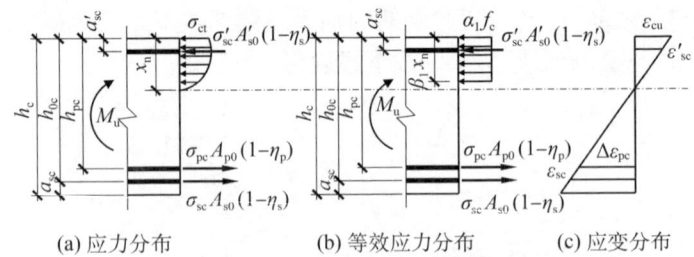

(a) 应力分布　　(b) 等效应力分布　　(c) 应变分布

图 L.5.1　锈蚀受弯构件破坏时正截面应力与应变分布

5　力与弯矩平衡方程按下列规定采用：

力平衡

$$\alpha_1 f_c b_c x + \sigma'_{sc} A'_{s0}(1-\eta'_s) = \sigma_{sc} A_{s0}(1-\eta_s) + \sigma_{pc} A_{p0}(1-\eta_p)$$
(L.5.1-1)

弯矩平衡

$$M_u = \sigma'_{sc} A'_{s0}(1-\eta'_s)(0.5x - a'_{sc}) + \sigma_{sc} A_{s0}(1-\eta_s) h_{0c}(h_{0c} - 0.5x) + \sigma_{pc} A_{p0}(1-\eta_p)(h_{pc} - 0.5x)$$
(L.5.1-2)

式中：　α_1——等效矩形应力图相关系数；

　　　　x——与等效矩形应力图相应的受压区高度，为 $\beta_1 x_n$；

　　　　h_{pc}——锈蚀预应力筋合力点至锈蚀损伤后的截面顶部的距离；

　　　　h_c，h_{0c}，b_c——锈蚀损伤后的截面高度、截面有效高度、截面宽度；

　　　　a_{sc}，a'_{sc}——锈蚀损伤后截面边缘至受拉、受压纵筋合力点的距离；

　　　　A_{s0}，A'_{s0}，A_{p0}——受拉纵筋、受压纵筋、预应力筋初始面积；

　　　　σ_{sc}，ε_{sc}——受拉锈蚀纵筋的应力、应变；

　　　　σ_{pc}，$\Delta\varepsilon_{pc}$——锈蚀预应力筋的应力、增量应变；

　　　　η_s，η'_s，η_p——受拉纵筋、受压纵筋、预应力筋的平均锈蚀率；

　　　　σ'_{sc}，ε'_{sc}——受压锈蚀纵筋的应力、应变。

6　正截面保持平面，且满足下式：

$$\frac{\Delta\varepsilon_{pc}}{h_{pc} - x_n} = \frac{\varepsilon_{sc}}{h_{0c} - x_n} = \frac{\varepsilon'_{sc}}{x_n - a'_{sc}} = \frac{\varepsilon_{ct}}{x_n} \quad \text{(L.5.1-3)}$$

式中：β_1——等效矩形应力图相关系数；
  x_n——混凝土受压区真实高度；
  ε_{ct}——混凝土边缘压应变。

L.5.2 锈蚀预应力混凝土构件的正截面抗弯承载力计算，宜先判定正截面受弯破坏模式，再计算正截面抗弯承载力，并按图 L.5.2 所示步骤计算。

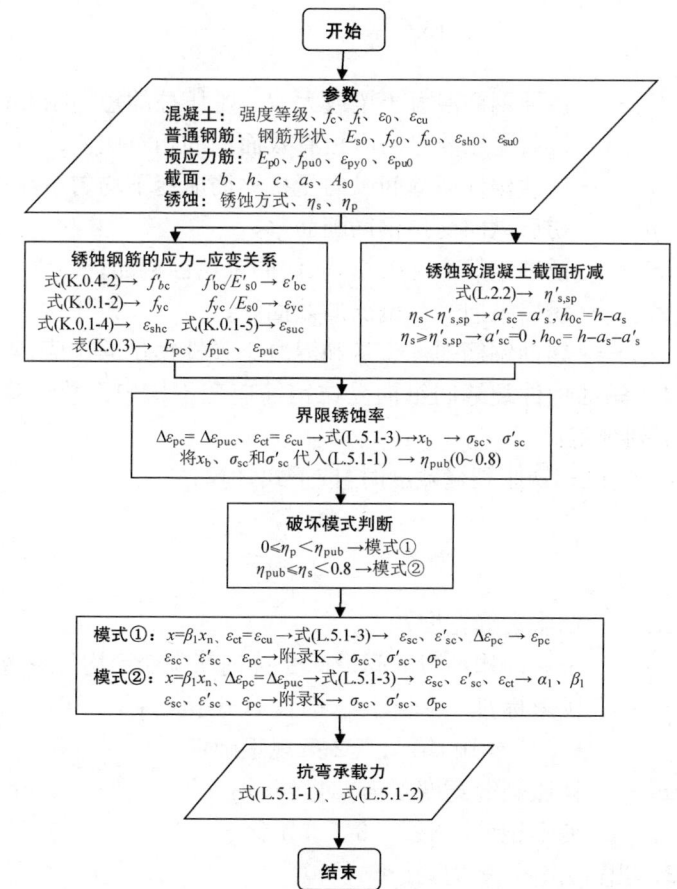

图 L.5.2 锈蚀预应力钢筋混凝土构件正截面抗弯承载力计算步骤

L.6 锈蚀混凝土结构构件的抗弯刚度

L.6.1 受弯及大偏心受压锈蚀钢筋混凝土构件的抗弯刚度应按式(L.6.1)计算。

$$B_{sc} = \frac{E_{sc}A_{sc}h_{0c}^2}{1.15\psi_c + 0.2 + \dfrac{6\alpha_{Ec}\rho_{sc}}{1+3.5\gamma'_{fc}}} \quad (L.6.1)$$

式中：B_{sc}——锈蚀钢筋混凝土梁或大偏心受压柱的短期刚度；

γ'_{fc}——锈后受压翼缘与腹板有效面积的相对比值；

ψ_c——锈蚀构件裂缝间纵向受拉钢筋应变不均匀系数；

ρ_{sc}——锈后纵向受拉钢筋配筋率；

E_{sc}——锈蚀钢筋弹性模量，取值同未锈蚀钢筋；

A_{sc}——锈后纵向受拉钢筋的截面积；

α_{Ec}——锈蚀钢筋弹性模量和混凝土弹性模量的比值。

L.6.2 锈蚀构件裂缝间纵向受拉钢筋应变不均匀系数计算，应符合下列规定：

1 当已知锈胀裂缝宽度时，按下式计算：

$$\psi_c = \psi + \frac{1-\psi}{w_{cr}}w \quad (L.6.2-1)$$

式中：w——锈胀裂缝宽度；

ψ——未锈蚀构件裂缝间纵向受拉钢筋应变不均匀系数，按国家标准《混凝土结构设计规范》GB 50010—2010（2015年版）第7.1.2条规定确定；

w_{cr}——锈胀裂缝宽度限值，对光圆钢筋取 $w_{cr}=2.5$ mm，对变形钢筋取 $w_{cr}=3.5$ mm。

2 当已知锈蚀率时，按下式计算：

$$\psi_c = k(\eta_s)\psi \quad (L.6.2-2)$$

式中：$k(\eta_s)$——综合应变系数，按式(L.6.2-3)计算。

$$k(\eta_s) = \begin{cases} 1 & \eta_s \leqslant 0.55/k_u \\ 9k_u^2\eta_s^2 - 10.1k_u\eta_s + 3.83 & 0.55/k_u < \eta_s \leqslant 1/k_u \\ 2.73 & \eta_s > 1/k_u \end{cases}$$

(L.6.2-3)

式中：k_u——经验系数，取为$(10.544 - 1.586c/d)$。

L.6.3 锈蚀钢筋混凝土轴心受压及小偏心受压构件的抗弯刚度按式(L.6.3)计算。

$$B_{sc} = E_c I_c = \begin{cases} E_c I_0 & \eta'_s < \eta'_{s,p} \text{ 且 } \eta_v < \eta_{v,p} \\ E_c I_{cor} & \eta'_s \geqslant \eta'_{s,p} \text{ 或 } \eta_v \geqslant \eta_{v,p} \end{cases}$$

(L.6.3)

式中：I_{cor}——核心区混凝土截面的惯性矩。

L.7 锈蚀钢筋混凝土结构构件承载力计算示例

L.7.1 某锈蚀钢筋混凝土柱，柱高1 200 mm，初始截面尺寸为 $b \times h = 200$ mm$\times 200$ mm，箍筋保护层厚度为$c = 20$ mm，纵筋配有 4⌀8 变形钢筋，加密配箍筋⌀6@100。钢筋的力学性能如下：纵筋 $f'_{y0} = 615$ N/mm^2；箍筋 $f_{vy0} = 626$ N/mm^2，$f_{vu0} = 760$ N/mm^2，$\varepsilon_{vy0} = 0.003$，$\varepsilon_{vh0} = 0.018$，$\varepsilon_{vu0} = 0.211$，$\eta_{vcr} = 0.15$；混凝土的抗压强度为 35.8 N/mm^2。

求：纵筋平均锈蚀率为 0.208、箍筋平均锈蚀率为 0.260 时，锈蚀钢筋混凝土柱的轴心抗压承载力。

【解】

(1) 计算不考虑箍筋约束作用时的 N_{cu}

由题中已知条件可知 $c = 20$ mm，$d_{v0} = 6$ mm，$d'_0 = 8$ mm

由式(L.1.1-7)和式(L.1.1-8)可得：

$\eta'_{s,0} = 1 - \{1 - [15.06 + 18.64 \times (c + d_{v0})/d']/d'_0 \times 10^{-3}\}^2 = 0.019$

$$\eta_{v,0} = 1 - [1 - (15.06 + 18.64 \times c/d_{v0})/d_{v0} \times 10^{-3}]^2 = 0.026$$

由于 $\eta'_s = 0.208 > \eta'_{s,0} = 0.019, \eta_v = 0.260 > \eta_{v,0} = 0.026$

故 $\varphi = 1, \theta = 1$

将 $\varphi = 1, \theta = 1$ 及相关参数代入式（L.1.1-3）和式（L.1.1-4）得：

$$A_{cs} = 1.45 \times (c + d_{v0} + 0.5 \times d'_0)^2 = 1\ 305\ mm^2$$
$$A_{cv} = [(b+h)/2 - 2.5 \times (c+d_{v0}) - 1.5 \times d'_0] \times (c+d_{v0})$$
$$= 3\ 198\ mm^2$$

由式（L.1.1-2）得：

$$A_{0c} = bh - A'_{s0} - 4\varphi A_{cs} - 4\theta A_{cv}$$
$$= 200 \times 200 - 201 - 4 \times 1 \times 1\ 305 - 4 \times 1 \times 3\ 198$$
$$= 21\ 787\ mm^2$$

将 $\eta'_s = 0.208$ 代入式（K.0.4-2）得受压纵向钢筋极限压应力 $f'_{bc} = 600\ N/mm^2$。

故受压纵向钢筋得极限压应变为

$$\varepsilon'_{bc} = f'_{bc}/E'_{s0} = 600/(201 \times 10^3) = 0.003 > \varepsilon_0 = 0.002$$

因此，当柱发生轴心受压破坏时，混凝土被压碎，且受压锈蚀纵筋处于弹性阶段，此时破坏模式为模式①，纵筋应力 $\sigma'_{sc} = E'_{s0}\varepsilon'_{sc} = E'_{s0}\varepsilon_0 = 201 \times 10^3 \times 0.002 = 402\ N/mm^2$。

由式（L.1.1-1）得：

$$N_{cu} = f_c A_{0c} + \sigma'_{sc} A'_{s0}(1 - \eta'_s)$$
$$= 35.8 \times 21\ 787 + 402 \times 201 \times (1 - 0.207\ 9)$$
$$= 843\ 969\ N \approx 844\ kN$$

记为 $N_{cu0} = 844\ kN$。

(2) 计算考虑箍筋约束作用时的 N_{cu}

由题目可得：
$$b_e = h_e = 200 - 2 \times 20 - 2 \times 6 = 148 \text{ mm}$$

由题中已知条件可知 $s_0 = s - d_{v0} = 100 - 6 = 94$ mm, $l_0 = b - 2c - 2d_{v0} - 2d_0' = 132$ mm

由式(L.1.3-2)～式(L.1.3-6)得：

$$A_{cc,m} = \left(b_e h_e - \frac{2l_0^2}{3}\right)\left(1 - \frac{s_0}{2b_e}\right)\left(1 - \frac{s_0}{2h_e}\right) = 4\,791 \text{ mm}^2$$

$$A_{c,m} = b_e h_e - A_{cc,m} - A_{s0}' = 148^2 - 4\,791 - 201 = 16\,912 \text{ mm}^2$$

$$k_e = A_{cc,m}/(b_e h_e - A_{s0}') = 4\,791/(148^2 - 201) = 0.221$$

由箍筋的体积配箍率的定义得：

$$\rho_{svc} = 2(b_e + d_{v0} + h_e + d_{v0})A_{sv10}(1 - \eta_v)/(b_e h_e s) = 0.006$$

$$\rho_{sv0} = \rho_{svc}/(1 - \eta_v) = 0.012\,9/(1 - 0) = 0.008$$

① 求箍筋界限锈蚀率

求界限 I_v 锈蚀率 η_{vhb}

根据定义，$\sigma_{svc} = f_{vyc} \cdot \varepsilon_{svc} = \varepsilon_{vhc}$，式中 f_{vye} 为锈蚀箍筋屈服应力，ε_{vhc} 为锈蚀箍筋强化应变。

将 $\sigma_{svc} = f_{vyc}$、$\varepsilon_{svc} = \varepsilon_{vhc}$ 代入可得关于 η_v 的一元二次方程：

$$\eta_v^2 - 1.171\eta_v + 0.168 = 0$$

解得 $\eta_v = 0.168$ 或 1.004。$\eta_v = 0.168 > \eta_{vcr} = 0.15$，取 $\eta_{vhb} = \eta_{vyb}$。

求界限 II_v 锈蚀率 η_{vyb}

根据定义，$\sigma_{svc} = f_{vyc}$，$\varepsilon_{svc} = \varepsilon_{vyc}$。将其代入可得关于 η_v 的一元二次方程：

$$\eta_v^2 + 1.439\eta_v - 2.083 = 0$$

解得 $\eta_v = 0.893$ 或 -2.332。$\eta_v = 0.893 > 0.8$，取 $\eta_{vyb} = 0$。

求界限 III_v 锈蚀率 η_{vub}

界限Ⅲ$_v$不存在,取 $\eta_{vub}=0.8$。

② 计算轴心受压承载力 N_{cu}

$\eta_{vyb}=0<\eta_v=0.260<\eta_{vub}=0.8$,破坏模式为模式③$_v$。$\sigma_{svc}=E_{sv0}\varepsilon_{svc}$,式中,$E_{sv0}$ 为未锈蚀箍筋的弹性模量。

将 σ_{svc} 代入可得关于 ε_{svc} 的一元一次方程:

$$\nu_0\varepsilon_{cu}\left\{j_2\left[1+\frac{10k_e\rho_{sv0}E_{sv0}\varepsilon_{svc}(1-\eta_v)}{f_c}\right]\frac{\varepsilon_0}{\varepsilon_{cu}}+k_2\right\}=\varepsilon_{svc}$$

解得 $\varepsilon_{svc}=0.001<\varepsilon_{svyc}=0.003$,$\sigma_{svc}=E_{sv0}\varepsilon_{svc}=209\ \text{N/mm}^2$。

由式(L.1.3-5)得 $\lambda_{svc}=0.035$。

由式(L.1.3-4)和式(L.1.3-8)得:

$$f_{cc}=f_c(1+2k_e\lambda_{svc})=36.4\ \text{N/mm}^2$$
$$\varepsilon_{cc}=\varepsilon_0(1+10k_e\lambda_{svc})=0.002$$

纵筋应变 $\varepsilon'_{sc}=\varepsilon_{cc}=0.0021<\varepsilon'_{bc}=0.003$,此时纵筋未受压屈服/屈曲,$\sigma'_{sc}=E'_{s0}\varepsilon'_{sc}=201\times10^3\times0.002=402\ \text{N/mm}^2$。

由式(L.1.3-1)知:

$$N_{cu}=f_{cc}A_{cc,m}+f_cA_{c,m}+\sigma'_{sc}A'_{s0}(1-\eta'_s)$$
$$=36.4\times4\ 791+35.8\times16\ 912+201\times402\times(1-0.20)$$
$$=843\ 837\ \text{N}\approx844\ \text{kN}$$

记为 $N_{cuc}=844\ \text{kN}$。

$N_{cu0}=N_{cuc}=844\ \text{kN}$,则 $\eta_v=0.260$ 时的柱轴心抗压承载力为 $N_{cu}=844\ \text{kN}$。

L.7.2 钢筋混凝土梁的初始截面宽度 $b=150\ \text{mm}$,高度 $h=200\ \text{mm}$,底部纵向钢筋为 2Φ16(试件 L12)/2Φ12(试件 L21、L23),顶部纵向钢筋 2ϕ10,箍筋为 ϕ6@150,混凝土保护层厚度为 25 mm。实测试件 L12 混凝土的轴心抗压强度 $f_c=30.1\ \text{N/mm}^2$,L21、L23 混凝土的轴心抗压强度 $f_c=31.6\ \text{N/mm}^2$。

求:受拉纵筋锈蚀率为 0.108、0.077、0.297 时,锈蚀钢筋混凝土梁正截面抗弯承载力 M_u。（L12/L21/L23 钢筋参数：$E_{s0}=201\times10^3\mathrm{N/mm^2}$，$f_{y0}=f'_{y0}=350\ \mathrm{N/mm^2}$，$f_{u0}=530\ \mathrm{N/mm^2}$，钢筋初始屈服应变 $\varepsilon_{y0}=0.0018$，钢筋初始强化应变 $\varepsilon_{sh0}=0.021$，钢筋初始极限应变 $\varepsilon_{su0}=0.184$）

【解】

（1）计算界限锈蚀率

梁 L12：

① 界限Ⅰ锈蚀率 η_{syb}

根据定义，令

$$\begin{cases}\sigma_{sc}=f_{yc}(\eta_s)=\dfrac{1-1.092\eta_s}{1-\eta_s}f_{y0}=\dfrac{1-1.092\eta_s}{1-\eta_s}\times 350\\[6pt]\varepsilon_{sc}=\varepsilon_{yc}(\eta_s)=\dfrac{1-1.092\eta_s}{1-\eta_s}\varepsilon_{y0}=\dfrac{1-1.092\eta_s}{1-\eta_s}\times 0.0018\\[6pt]\varepsilon_{ct}=\varepsilon_{cu}=0.0033\end{cases}$$

代入式（L.2.1-3）可得 ξ_{yb} 关于 η_s 的表达式，代入式（L.2.1-1），整理有 $5.706\eta_s^2+2.720\eta_s-8.412=0$。在 $0\sim0.8$ 范围内无解，故取 $\eta_{syb}=0$，此时 $\xi_{yb}=0.521$。

② 界限Ⅱ界限锈蚀率 η_{shb}

根据定义，令

$$\begin{cases}\sigma_{sc}=f_{yc}(\eta_s)=\dfrac{1-1.092\eta_s}{1-\eta_s}f_{y0}=\dfrac{1-1.092\eta_s}{1-\eta_s}\times 350\\[6pt]\varepsilon_{sc}=\varepsilon_{shc}(\eta_s)=\dfrac{1-1.092\eta_s}{1-\eta_s}\times 0.0018+(0.021-0.0018)\cdot\left(1-\dfrac{\eta_s}{0.3}\right)\\[6pt]\qquad\approx 0.0018+0.0192\times\left(1-\dfrac{\eta_s}{0.3}\right)\\[6pt]\varepsilon_{ct}=\varepsilon_{cu}=0.0033\end{cases}$$

代入式（L.2.1-3）和（L.2.1-1）（仅考虑 $0<\eta_s\leqslant\eta_{s,cr}$ 情况），整理有 $7.002\eta_s^2-9.066\eta_s+1.083=0$，解得 $\eta_{shb}=0.133$，此时 $\xi_{hb}=0.168$。

③ 界限Ⅲ界限锈蚀率 η_{sub}

根据定义,令

$$\begin{cases} \sigma_{sc} = f_{uc}(\eta_s) = \dfrac{1-1.092\eta_s}{1-\eta_s} f_{u0} = \dfrac{1-1.092\eta_s}{1-\eta_s} \times 530 \\ \varepsilon_{sc} = \varepsilon_{suc}(\eta_s) = \varepsilon_{su0} e^{-2.556\eta_s} \\ \varepsilon_{ct} = \varepsilon_{cu} = 0.0033 \end{cases}$$

代入式(L.2.1-3)和式(L.2.1-1),该方程为超越方程。采用线性近似

$$\varepsilon_{suc}(\eta_s) = \varepsilon_{su0} e^{-2.556\eta_s} \approx \begin{cases} \varepsilon_{su0}(1-2.001\eta_s), & 0 \leqslant \eta_s < 0.2 \\ \varepsilon_{su0}(0.840-1.200\eta_s), & 0.2 \leqslant \eta_s < 0.4 \\ \varepsilon_{su0}(0.648-0.720\eta_s), & 0.4 \leqslant \eta_s < 0.6 \\ \varepsilon_{su0}(0.475-0.432\eta_s), & 0.6 \leqslant \eta_s \leqslant 0.8 \end{cases}$$

代入式(L.2.1-3)和式(L.2.1-1),整理有 $9.312\eta_s^2 - 18.703\eta_s + 8.306 = 0$,解得 $\eta_{sub} = 0.663$,此时 $\xi_{ub} = 0.068$。

梁 L21 与梁 L23 的界限锈蚀率及对应相对受压区高度计算步骤与梁 L12 类似。

(2) 计算承载力

对 L12 锈蚀率满足 $\eta_{syb} = 0 \leqslant \eta_s < \eta_{shb} = 0.133$,属于模式②;对 L21、L23 锈蚀率满足 $\eta_{shb} = 0 \leqslant \eta_s < \eta_{sub} = 0.560$ 与 $\eta_{shb} = 0 \leqslant \eta_s < \eta_{sub} = 0.561$,都属于模式③。

① 对 L12,按照模式②来计算抗弯截面承载力,由 $\eta_s = 0.108$ 得:

$$\sigma_{sc} = f_{yc}(\eta_s) = \dfrac{1-1.092\eta_s}{1-\eta_s} \times 350 = 324 \text{ N/mm}^2$$

代入式(L.2.1-1)有

$$\alpha_1 f_c b \xi h_0 = \sigma_{sc} A_{s0}(1-\eta_s)$$

$$30.1 \times 150 \times \xi \times 160 = 346.10 \times 402 \times (1 - 0.108)$$
$$\text{解得 } \xi = 0.161$$

代入式(L.2.1-2)有

$$M_u = \sigma_{sc} A_{s0} (1 - \eta_s) h_{0c} (1 - 0.5\xi)$$
$$= 324 \times 402 \times (1 - 0.108) \times 160 \times (1 - 0.5 \times 0.172)$$
$$= 17.093 \text{ kN·m}$$

② 对 L21,按照模式③来计算抗弯截面承载力,先求得此时屈服应力、极限应力、强化应变、极限应变及强化模量如下:

$$f_{yc}(\eta_s) = \frac{1 - 1.092 \times 0.077}{1 - 0.077} \times 350 = 347.31 \text{ N/mm}^2$$

$$f_{uc}(\eta_s) = \frac{1 - 1.152 \times 0.077}{1 - 0.077} \times 530 = 523.28 \text{ N/mm}^2$$

$$\varepsilon_{shc}(\eta_s) = \frac{1 - 1.092 \times 0.077}{1 - 0.077} \times 0.0018 + (0.022 - 0.0018) \times$$
$$(1 - 0.077/0.3) = 0.0168$$

$$\varepsilon_{suc}(\eta_s) = 0.182 \times (1 - 2.001 \times 0.077) = 0.154$$

$$E_{shc}(\eta_s) = \frac{523 - 347}{0.154 - 0.016} = 1275 \text{ N/mm}^2$$

令 $\varepsilon_c^t = \varepsilon_{cu} = 0.0033$,代入式(L.2.1-3)有 $\varepsilon_{sc} = 0.0033 \times (0.8/\xi - 1)$

将锈蚀钢筋应力-应变关系 $\sigma_{sc} = f_{yc} + E_{shc}(\varepsilon_{sc} - \varepsilon_{shc})$,代入式(L.2.1-1),整理可得关于 ξ 的一元二次方程,求解范围在 $\xi_{ub} \leqslant \xi \leqslant \xi_{hb}$ 的 ξ 值,整理有

$$3749.350\xi^2 - 322.265\xi - 3.366 = 0$$
$$\text{解得 } \xi = 0.106 \text{ 或 } \xi = -0.010(\text{舍去})$$

代入式(L.2.1-2)得抗弯承载力 $M_u = 11.410 \text{ kN·m}$。

③ 对 L23,当 $\eta_s = 0.2973$,计算步骤与梁 L21 类似,可计算

出截面抗弯承载力 $M_u = 9.571$ kN·m。

L.7.3 已知锈蚀钢筋混凝土偏心抗压柱,柱高 1 500 mm,初始截面宽度 $b = 200$ mm,高度 $h = 240$ mm,箍筋保护层厚度 $c = 30$ mm,配置纵筋 4Φ20,箍筋 ϕ6@200。其中纵筋的初始屈服强度 $f_{y0} = 380$ N/mm²,屈服应变 $\varepsilon_{y0} = 1.891 \times 10^{-3}$,初始极限强度 $f_{u0} = 582$ N/mm²,弹性模量 $E_{s0} = 201 \times 10^3$ N/mm²;混凝土的抗压强度 $f_c = 19.7$ N/mm²。问:

(1) 当近侧、远测的纵筋平均锈蚀率为 0.088,轴向力加载点偏心距 $e_i = 50$ mm 时,观察得到此时的最大裂缝宽度 $w' = 1.60$ mm,试求锈蚀钢筋混凝土柱偏心抗压承载力 N_{cu}。

(2) 当近侧、远测的纵筋平均锈蚀率为 0.039,轴向力加载点偏心距 $e_i = 90$ mm 时,观察得到此时的最大裂缝宽度 $w' = 0.96$ mm,试求锈蚀钢筋混凝土柱偏心抗压承载力 N_{cu}。

【解】

(1) 当 $\eta_s = \eta_s' = 0.088$,$e_i = 50$ mm、$w' = 1.60$ mm 时:

① 锈蚀后的截面有效高度 h_{0c}

根据式(L.3.1-6)和式(L.3.1-7),计算临界锈蚀率

$\eta_{s,sp}' = 4w_{cr}'/(0.057\ 5\pi d_0'^2) + 1 - \{1 - [15.06 + 18.64(c' + d_{v0})/d_0']/d_0' \times 10^{-3}\}^2$

$= \dfrac{4 \times 3.5}{0.057\ 5 \times \pi \times 20^2} + 1 - \left(1 - \dfrac{15.06 + 18.64 \times \dfrac{30+6}{20}}{20} \times 10^{-3}\right)^2$

$= 0.197$

则近侧纵筋锈蚀致使截面损伤的折减系数

$\varphi_s' = \min\{\max\{\eta_s'/\eta_{s,sp}',\ w'/w_{cr}'\},\ 1\} = \min\left\{\max\left\{\dfrac{0.088\ 2}{0.198\ 6},\ \dfrac{1.6}{3.5}\right\},\ 1\right\}$

$= 0.457$

故取 $\varphi'=\varphi'_s=0.457$,则锈蚀损伤后的截面有效高度

$$h_{0c}=h-a_s-a'_s\varphi'=240-46-46\times0.457=173 \text{ mm}$$

② 判断远侧纵筋受力符号

将相关参数代入附录 K 中的相关公式可得近侧纵筋极限压应力 $f'_{bc}=\min\{f'_{yc},f'_{bcc}\}=377$ MPa,纵筋的初始截面面积 $A_{s0}=A'_{s0}=2\times\pi\times20^2/4=314 \text{ mm}^2$。将 f'_{bc} 及相关参数代入式(L.3.1-6),有

$$e_{tc}=\frac{19.7\times200\times173^2\times0.8\times(1-0.8/2)+377\times2\times314\times(1-0.088)\times148}{19.7\times200\times0.8\times173+377\times2\times314\times(1-0.088)}$$
$$=116 \text{ mm}$$

将相关参数代入计算得 $e=50+240/2-46=124 \text{ mm}>e_{tc}=116 \text{ mm}$,因此远侧纵筋受拉。

③ 计算界限锈蚀率

当 $e\geqslant e_{tc}$ 时,远侧纵筋受拉,存在 3 个界限 $\mathrm{I}_t\sim\mathrm{III}_t$。

先求界限 I_t 锈蚀率 η_{syb}:

令

$$\begin{cases}\sigma_{sc}=f_{yc}(\eta_s)=\dfrac{1-1.092\eta_s}{1-\eta_s}f_{y0}=\dfrac{1-1.092\eta_s}{1-\eta_s}\times380\\ \varepsilon_{sc}=\varepsilon_{yc}(\eta_s)=\dfrac{1-1.092\eta_s}{1-\eta_s}\varepsilon_{y0}=\dfrac{1-1.092\eta_s}{1-\eta_s}\times0.001\,891\\ \varepsilon_{ct}=\varepsilon_{cu}=0.003\,3\end{cases}$$

代入式(L.3.1-3),得:

$$\xi=\frac{\beta_1\varepsilon_{ct}}{\varepsilon_{sc}+\varepsilon_{ct}}=\frac{0.002\,64}{\dfrac{1-1.092\eta_s}{1-\eta_s}\times0.001\,891+0.003\,3}$$

代入式(L.3.1-1)、式(L.3.1-2),可得关于 η_s 的方程:

$$\left[\alpha_1 f_c b_c h_{0c} \frac{0.00264}{\frac{1-1.092\eta_s}{1-\eta_s} \times \varepsilon_{y0} + \varepsilon_{cu}} + f'_{bc} A'_{s0}(1-\eta'_s) - \right.$$

$$\left. \frac{1-1.092\eta_s}{1-\eta_s} \times 380 \times A_{s0}(1-\eta_s)\right]e$$

$$= \alpha_1 f_c b_c h_{0c}^2 \times \frac{0.00264}{\frac{1-1.092\eta_s}{1-\eta_s} \times \varepsilon_{y0} + \varepsilon_{cu}}$$

$$\times \left(1 - \frac{0.00264}{2 \times \frac{1-1.092\eta_s}{1-\eta_s} \times \varepsilon_{y0} + \varepsilon_{cu}}\right)$$

$$+ f'_{bc} A'_{s0}(1-\eta'_s)(h_{0c} - a'_{sc})$$

化简,得：

$$\eta_s^3 - 2.920\eta_s^2 + 2.832\eta_s - 0.912 = 0$$

解得此时 $\eta_s = 0.858 > 0.8$,故取 $\eta_{syb} = 0.8$。

界限 II_t、III_t 的界限锈蚀率 η_{shb}、η_{sub}

由①可知，$\eta_{syb} = 0.8$,故取 $\eta_{shb} = 0.8$、$\eta_{sub} = 0.8$。

④ 计算偏心抗压承载力

$\eta_s = \eta'_s = 0.088 < \eta_{syb} = 0.8$,故柱的破坏模式为①$_t$。则 $\sigma_{sc} = E_{s0}\varepsilon_{sc}$。又由 $\varepsilon_{ct} = \varepsilon_{cu} = 0.0033$,代入变形协调方程,得：

$$\sigma_{sc} = E_{s0}\varepsilon_{sc} = E_{s0}\varepsilon_{cu}\left(\frac{\beta_1}{\xi} - 1\right)$$

故代入式(L.3.1-1)、式(L.3.1-2),可得关于 ξ 的方程：

$$\left[\alpha_1 f_c b_c \xi h_{0c} + f'_{bc} A'_{s0}(1-0.088) - E_{s0}\varepsilon_{cu}\left(\frac{0.8}{\xi} - 1\right) \times A_{s0}(1-0.088)\right]e$$

$$= \alpha_1 f_c b_c \xi h_{0c}^2 \times \left(1 - \frac{\xi}{2}\right) + f'_{bc} A'_{s0}(1-0.088)(h_{0c} - a'_{sc})$$

化简,得：

$$\xi^3 - 0.566\xi^2 + 0.712\xi - 0.640 = 0$$

解得 $\xi = 0.752$,故求得 $N_{cu} = 703$ kN。

(2) 当 $\eta_s = \eta'_s = 0.039$、$e_i = 90$ mm、$w' = 0.96$ mm 时:

① 锈蚀后的截面有效高度 h_{0c}

由(1)可知,临界锈蚀率 $\eta'_{s,sp} = 0.199$,则近侧纵筋锈蚀致使截面损伤的折减系数

$$\varphi'_s = \min\{\max\{\eta'_s/\eta'_{s,sp}, w'/w'_{cr}\}, 1\} = \min\left\{\max\left\{\frac{0.039}{0.199}, \frac{0.96}{3.5}\right\}, 1\right\}$$
$$= 0.274$$

故取 $\varphi' = \varphi'_s = 0.274$,则锈蚀损伤后的截面有效高度

$$h_{0c} = h - a_s - a'_s \varphi' = 240 - 46 - 46 \times 0.274 = 181 \text{ mm}$$

② 判断远侧纵筋受力符号

同(1),可得此时的 $f'_{bc} = \min\{f'_{yc}, f'_{bcc}\} = 379$ N/mm²。将 f'_{bc} 及相关参数代入式(L.3.1-6),有

$$e_{tc} = \frac{19.7 \times 200 \times 181^2 \times 0.8 \times (1 - 0.8/2) + 379 \times 2 \times 314 \times (1 - 0.039) \times 148}{19.7 \times 200 \times 0.8 \times 181 + 379 \times 2 \times 314 \times (1 - 0.039)}$$
$$= 120 \text{ mm}$$

将相关参数代入计算得 $e = 90 + 240/2 - 46 = 164$ mm $> e_{tc} = 120$ mm,因此远侧纵筋受拉。

③ 计算界限锈蚀率

当 $e \geqslant e_{tc}$ 时,远侧纵筋受拉,存在 3 个界限 $\text{I}_t \sim \text{III}_t$。

界限 I_t 锈蚀率 η_{syb}:

根据定义,令

$$\begin{cases} \sigma_{sc} = f_{yc}(\eta_s) = \dfrac{1 - 1.092\eta_s}{1 - \eta_s} f_{y0} = \dfrac{1 - 1.092\eta_s}{1 - \eta_s} \times 380 \\ \varepsilon_{sc} = \varepsilon_{yc}(\eta_s) = \dfrac{1 - 1.092\eta_s}{1 - \eta_s} \varepsilon_{y0} = \dfrac{1 - 1.092\eta_s}{1 - \eta_s} \times 0.001891 \\ \varepsilon_{ct} = \varepsilon_{cu} = 0.0033 \end{cases}$$

代入式(L.3.1-3),得

$$\xi = \frac{\beta_1 \varepsilon_{ct}}{\varepsilon_{sc}+\varepsilon_{ct}} = \frac{0.00264}{\dfrac{1-1.092\eta_s}{1-\eta_s}\times 0.001891 + 0.0033}$$

代入式(L.3.1-1)、式(L.3.1-2),可得关于 η_s 的方程:

$$\left[\alpha_1 f_c b_c h_{0c} \frac{0.00264}{\dfrac{1-1.092\eta_s}{1-\eta_s}\times \varepsilon_{y0}+\varepsilon_{cu}} + f'_{bc}A'_{s0}(1-\eta'_s) - \frac{1-1.092\eta_s}{1-\eta_s}\times 380 \times A_{s0}(1-\eta_s)\right]e$$

$$= \alpha_1 f_c b_c h_{0c}^2 \times \frac{0.00264}{\dfrac{1-1.092\eta_s}{1-\eta_s}\times \varepsilon_{y0}+\varepsilon_{cu}} \times \left(1 - \frac{0.00264}{2\times \dfrac{1-1.092\eta_s}{1-\eta_s}\times \varepsilon_{y0}+\varepsilon_{cu}}\right) +$$

$$f'_{bc}A'_{s0}(1-\eta'_s)(h_{0c}-a'_{sc})$$

化简,得:

$$\eta_s^3 - 2.597\eta_s^2 + 2.196\eta_s - 0.599 = 0$$

解得此时 $\eta_s=0.601$,故取 $\eta_{syb}=0.601$,相对受压区高度 $\xi_{yb}=0.536 > \xi'_{bb}=0.261$,故轴向力近侧受压钢筋已屈服/屈曲,假设正确。

界限Ⅱ$_t$ 界限锈蚀率 η_{shb}:

根据定义,令

$$\begin{cases} \sigma_{sc} = f_{yc}(\eta_s) = \dfrac{1-1.092\eta_s}{1-\eta_s} f_{y0} = \dfrac{1-1.092\eta_s}{1-\eta_s}\times 380 \\ \varepsilon_{sc} = \varepsilon_{shc}(\eta_s) = \dfrac{f_{yc}}{E_{s0}} = \dfrac{1-1.092\eta_s}{1-\eta_s}\times 0.001891\ (\eta_s > \eta_{s,cr}=0.2) \\ \varepsilon_{ct} = \varepsilon_{cu} = 0.0033 \end{cases}$$

由于近侧受压钢筋此时的锈蚀率大于屈服平台消失时的截面临界锈蚀率 $\eta_{s,cr}$（对于变形钢筋为 0.2），屈服平台消失，故与①中所联立方程完全相同，即此时 $\eta_{syb}=\eta_{shb}=0.601$。此外，如前所述，近侧锈蚀纵筋必然已受压屈服/屈曲，假设正确。

界限Ⅲ$_t$ 界限锈蚀率 η_{sub}：

根据定义，令

$$\begin{cases} \sigma_{sc}=f_{uc}(\eta_s)=\dfrac{1-1.092\eta_s}{1-\eta_s}f_{u0}=\dfrac{1-1.092\eta_s}{1-\eta_s}\times 582 \\ \varepsilon_{sc}=\varepsilon_{suc}(\eta_s)=\varepsilon_{su0}e^{-2.556\eta_s}\approx\varepsilon_{su0}(0.475-0.432\eta_s) \\ \varepsilon_{ct}=\varepsilon_{cu}=0.0033 \end{cases}$$

代入式(L.3.1-3)，得：

$$\xi=\frac{\beta_1\varepsilon_{ct}}{\varepsilon_{sc}+\varepsilon_{ct}}=\frac{0.00264}{\varepsilon_{su0}(0.475-0.432\eta_s)+0.0033}$$

代入式(L.3.1-1)、式(L.3.1-2)，可得关于 η_s 的方程：

$$\left[\alpha_1 f_c b_c h_{0c}\frac{0.00264}{\varepsilon_{su0}(0.475-0.432\eta_s)+\varepsilon_{cu}}+f'_{bc}A'_{s0}(1-\eta'_s)\right.$$

$$\left.-\frac{1-1.092\eta_s}{1-\eta_s}\times 582\times A_{s0}(1-\eta_s)\right]e$$

$$=\alpha_1 f_c b_c h_{0c}^2\times\frac{0.00264}{\varepsilon_{su0}(0.475-0.432\eta_s)+\varepsilon_{cu}}\times$$

$$\left(1-\frac{0.00264}{2\varepsilon_{su0}(0.475-0.432\eta_s)+\varepsilon_{cu}}\right)+$$

$$f'_{bc}A'_{s0}(1-\eta'_s)(h_{0c}-a'_{sc})$$

化简，得：

$$\eta_s^3-0.192\eta_s^2+0.237\eta_s-0.046=0$$

解得此时 $\eta_s=0.910>0.8$，故取 $\eta_{sub}=0.8$。

④ 计算偏心抗压承载力

$\eta_s = \eta_s' = 0.039 < \eta_{syb} = 0.601$,故柱的破坏模式为①$_t$。则 $\sigma_{sc} = E_{s0}\varepsilon_{sc}$。又由 $\varepsilon_{ct} = \varepsilon_{cu} = 0.0033$,代入变形协调方程,得:

$$\sigma_{sc} = E_{s0}\varepsilon_{sc} = E_{s0}\varepsilon_{cu}\left(\frac{\beta_1}{\xi} - 1\right)$$

故代入式(L.3.1-1)、式(L.3.1-2),可得关于 ξ 的方程:

$$\left[\alpha_1 f_c b_c \xi h_{0c} + f'_{bc} A'_{s0}(1-0.039) - E_{s0}\varepsilon_{cu}\left(\frac{0.8}{\xi} - 1\right) \times A_{s0}(1-0.039)\right]e$$
$$= \alpha_1 f_c b_c \xi h_{0c}^2 \times \left(1 - \frac{\xi}{2}\right) + f'_{bc} A'_{s0}(1-0.039)(h_{0c} - a'_{sc})$$

化简,得:

$$\xi^3 - 0.192\xi^2 + 1.071\xi - 0.812 = 0$$

解得 $\xi = 0.611$,故求得 $N_{cu} = 542\ \text{kN}$。

附录 M 受腐蚀混凝土结构构件承载力计算方法

M.0.1 硫酸或硫酸盐腐蚀混凝土结构构件的承载力计算时，其混凝土单轴受压时的应力-应变关系为

$$\begin{cases} \sigma_c = f_c(1-k_d c_w t)\left[2\dfrac{\varepsilon_c}{\varepsilon_0}-\left(\dfrac{\varepsilon_c}{\varepsilon_0}\right)^2\right] & 0 \leqslant \varepsilon_c \leqslant \varepsilon_0 \\ \sigma_c = f_c(1-k_d c_w t) & \varepsilon_0 \leqslant \varepsilon_c \leqslant \varepsilon_{cu} \end{cases}$$
(M.0.1)

式中：σ_c, ε_c ——酸腐蚀混凝土的应力、应变；

f_c, ε_0 ——未腐蚀混凝土的棱柱体抗压强度及相应的应变值；

ε_{cu} ——未腐蚀混凝土的极限应变；

k_d ——硫酸腐蚀引起的混凝土强度损失系数，详见表 M.0.1；

c_w ——硫酸的重量百分比浓度；

t ——腐蚀持续时间(d)。

表 M.0.1 受硫酸或硫酸盐腐蚀混凝土的强度损失系数

混凝土强度等级	C20				C40			
腐蚀介质	5%硫酸	3%硫酸	5%硫酸钠	7.5%硫酸钠	5%硫酸	3%硫酸	5%硫酸钠	7.5%硫酸钠
k_d	0.251	0.272	0.072	0.073	0.246	0.239	0.084	0.084

注：对于强度等级在 C20~C40 之间的混凝土，k_d 可采用内插值法确定。

M.0.2 利用式(M.0.1)所示的应力-应变关系计算钢筋混凝土结构构件正截面的承载力，并取 $\varepsilon_0=0.002$，$\varepsilon_{cu}=0.0033$ 时，可采

用简化的矩形压应力分布图形计算受压区混凝土的压力,如图 M.0.2 所示。图中 $\alpha_1=0.870, \beta_1=0.854$。

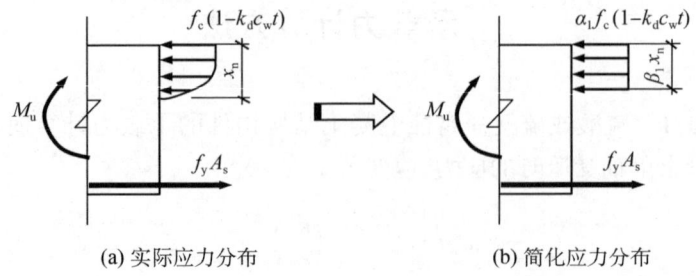

(a) 实际应力分布　　　　　(b) 简化应力分布

图 M.0.2　硫酸或硫酸盐腐蚀受压区混凝土受力情况简化分析

M.0.3　皂化液浸蚀混凝土($f_{cu} \leqslant 50 \text{ N/mm}^2$)结构构件的承载力计算时,其混凝土单轴受压时的应力-应变关系为

$$\begin{cases} \sigma_c = f_c \left[\dfrac{2\varepsilon_c}{(0.000\,4t^2-0.02t+1)\varepsilon_0} - \dfrac{\varepsilon_c^2}{(0.000\,4t^2-0.02t+1)^2\varepsilon_0^2} \right] & (0 \leqslant \varepsilon_c \leqslant \varepsilon_{0t}) \\ \sigma_c = [1-100\varepsilon_c+(0.04t^2-2t+100)\varepsilon_0]f_c & (\varepsilon_{0t} \leqslant \varepsilon_c \leqslant \varepsilon_{cut}) \end{cases}$$

(M.0.3)

式中:σ_c, ε_c——浸油混凝土单轴受压时的应力、应变;

　　　f_c, ε_0——未浸油混凝土棱柱体抗压强度及其相应的应变;

　　　t——浸油时间(月),当 $t>30$ 月时,取 $t=30$ 月;

　　　ε_{0t}——皂化液浸蚀混凝土的峰值应变,$\varepsilon_{0t} = (0.000\,4t^2-0.02t+1)\varepsilon_0$;

　　　ε_{cut}——皂化液浸蚀混凝土的极限应变,$\varepsilon_{cut} = (1+0.05t)\varepsilon_{cu}$,$\varepsilon_{cu}$ 为未浸油混凝土单轴受压时的极限应变。

M.0.4　利用式(M.0.3)所示的应力-应变关系计算钢筋混凝土结构构件正截面的承载力时,可采用简化的矩形压应力分布图形计算受压区混凝土的压力,如图 M.0.4 所示。当 $t=1$ 月时,图中

$\alpha_1 = 0.923$，$\beta_1 = 0.844$；当 $t \geqslant 30$ 月时，图中 $\alpha_1 = 0.568$，$\beta_1 = 1.169$；当 $1 < t < 30$ 月时，图中 α_1、β_1 的数值可用线性内插值法确定。

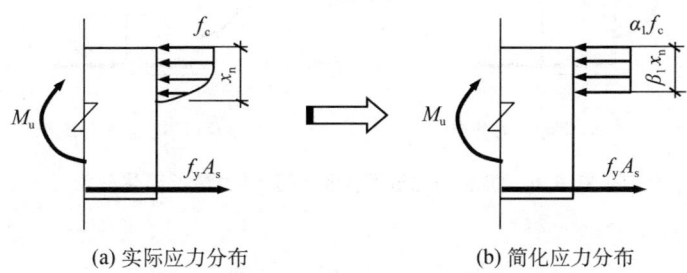

(a) 实际应力分布　　　　(b) 简化应力分布

图 M.0.4　皂化液浸蚀混凝土受压区受力情况简化分析

M.0.5　$^\#5$、$^\#20$ 机油浸蚀混凝土（$f_{cu} \leqslant 50\ \text{N/mm}^2$）结构构件的承载力计算时，其混凝土单轴受压时的应力-应变关系为

$$\begin{cases} \sigma_c = \dfrac{80}{80+t} f_c \left[\dfrac{2\varepsilon_c}{(1-0.008t)\varepsilon_0} - \dfrac{\varepsilon_c^2}{(1-0.008t)^2 \varepsilon_0^2} \right] & (0 \leqslant \varepsilon_c \leqslant \varepsilon_{0t}) \\ \sigma_c = [1 - 100\varepsilon_c + (100 - 0.8t)\varepsilon_0] \dfrac{80}{80+t} f_c & (\varepsilon_{0t} \leqslant \varepsilon_c \leqslant \varepsilon_{cut}) \end{cases}$$

(M.0.5)

式中：ε_{0t}——机油浸蚀混凝土的峰值应变，$\varepsilon_{0t} = (1-0.008t)\varepsilon_0$；
　　　ε_{cut}——机油浸蚀混凝土的极限应变，$\varepsilon_{cut} = (1+0.015t)\varepsilon_{cu}$；
　　　ε_{cu}——未浸油混凝土单轴受压时的极限应变。

M.0.6　利用式（M.0.5）所示的应力-应变关系计算钢筋混凝土结构构件正截面的承载力时，可采用简化的矩形压应力分布图形计算受压区混凝土的压力，如图 M.0.6 所示。当 $t = 1$ 月时，图中 $\alpha_1 = 0.950$，$\beta_1 = 0.815$；当 $t \geqslant 30$ 月时，图中 $\alpha_1 = 0.792$，$\beta_1 = 0.989$；当 $1 < t < 30$ 月时，图中 α_1、β_1 的数值可用线性内插值法确定。

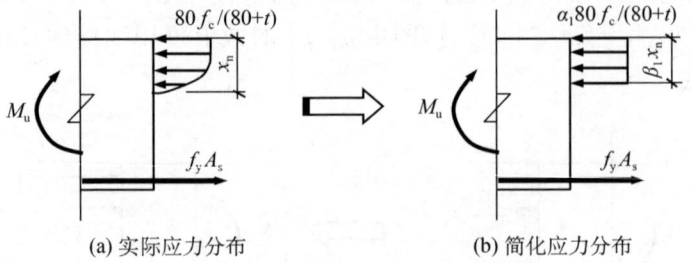

图 M.0.6 机油浸蚀混凝土受压区受力情况简化分析

本标准用词说明

1 为了便于在执行本标准条文时区别对待,对要求严格程度不同的用词说明如下:
  1) 表示很严格,非这样做不可的用词:
     正面词采用"必须";
     反面词采用"严禁"。
  2) 表示严格,在正常情况下均应这样做的用词:
     正面词采用"应";
     反面词采用"不应"或"不得"。
  3) 表示允许稍有选择,在条件许可时应首先这样做的用词:
     正面词采用"宜";
     反面词采用"不宜"。
  4) 表示有选择,在一定条件下可以这样做的用词,采用"可"。

2 标准中指明应按其他有关标准、规范执行时,写法为"应按……执行"或"应符合……的规定"。

引用标准名录

1 《金属材料 拉伸试验 第1部分:室温试验方法》GB/T 228.1
2 《金属材料 夏比摆锤冲击试验方法》GB/T 229
3 《金属材料 弯曲试验方法》GB/T 232
4 《碳素结构钢》GB 700
5 《黑色金属硬度及相关强度换算值》GB/T 1172
6 《低合金高强度结构钢》GB/T 1591
7 《木材抗弯强度试验方法》GB 1936.1
8 《金属材料焊缝破坏性试验 冲击试验》GB/T 2650
9 《金属材料焊缝破坏性试验 横向拉伸试验》GB/T 2651
10 《焊接接头弯曲试验方法》GB 2653
11 《钢及钢产品 力学性能试验取样位置及试样制备》GB/T 2975
12 《数据的统计处理和解释 正态样本离群值的判断和处理》GB/T 4883
13 《烧结普通砖》GB/T 5101
14 《焊缝无损检测 超声检测 技术、检测等级和评定》GB/T 11345
15 《蒸压加气混凝土砌块》GB/T 11968
16 《烧结多孔砖》GB 13544
17 《砌体结构设计规范》GB 50003
18 《木结构设计标准》GB 50005
19 《建筑结构荷载规范》GB 50009
20 《混凝土结构设计规范》GB 50010

21 《建筑结构可靠性设计统一标准》GB 50068
22 《工业建筑可靠性鉴定标准》GB 50144
23 《混凝土结构工程施工质量验收规范》GB 50204
24 《木结构工程施工质量验收规范》GB 50206
25 《民用建筑可靠性鉴定标准》GB 50292
26 《砌体工程现场检测技术标准》GB/T 50315
27 《建筑结构检测技术标准》GB/T 50344
28 《回弹仪评定烧结普通砖强度等级的方法》JC/T 796
29 《建筑变形测量规范》JGJ 8
30 《回弹法检测混凝土抗压强度技术规程》JGJ/T 23
31 《贯入法检测砌筑砂浆抗压强度技术规程》JGJ/T 136
32 《混凝土中钢筋检测技术规程》JGJ/T 152
33 《钻芯法检测混凝土强度技术规程》JGJ/T 384
34 《既有建筑地基基础检测技术标准》JGJ/T 422
35 《木结构现场检测技术标准》JGJ/T 488
36 《建筑抗震设计标准》DG/TJ 08—9
37 《高强混凝土抗压强度无损检测技术标准》DG/TJ 08—507
38 《结构混凝土抗压强度检测技术标准》DG/TJ 08—2020

标准上一版编制单位及人员信息

DG/TJ 08—804—2005

主 编 单 位：同济大学
　　　　　　上海市房屋检测中心
参 编 单 位：上海市建筑科学研究院
　　　　　　上海市房地产科学研究院
　　　　　　冶金建筑研究总院上海分院
　　　　　　上海宝冶工程技术公司
主要起草人：顾祥林　张立中　张伟平　陆锦标　管小军
　　　　　　李宜宏　朱春明　蒋利学　金伟江　姜迎秋
　　　　　　周　云　李向明　许　勇　陈少杰　商登峰
　　　　　　印小晶　罗永峰　傅　勤　包朝亮　张立华

上海市工程建设规范

既有建筑结构检测与评定标准

DG/TJ 08—804—2024
J 10616—2025

条文说明

2025　上海

目　次

1 总　则 ………………………………………………… 148
3 基本规定 ……………………………………………… 149
　3.1 一般规定 ………………………………………… 149
　3.2 工作程序和基本内容 …………………………… 150
　3.3 基本要求 ………………………………………… 151
4 既有建筑结构检测 …………………………………… 152
　4.1 一般规定 ………………………………………… 152
　4.2 结构检测抽样方案 ……………………………… 152
　4.3 建筑图和结构图的复核与测绘 ………………… 153
　4.4 地基基础调查与检测 …………………………… 154
　4.5 结构使用条件和使用环境调查 ………………… 155
　4.6 结构材料力学性能检测 ………………………… 157
　4.7 结构损伤及材料性能劣化检测 ………………… 163
　4.8 火灾后结构性能检测 …………………………… 165
　4.9 建筑变形检测 …………………………………… 165
　4.10 结构的现场荷载试验 …………………………… 166
　4.11 结构动力特性检测与损伤识别 ………………… 167
5 既有建筑结构分析与可靠性评定方法 ……………… 168
　5.1 一般规定 ………………………………………… 168
　5.2 荷载(作用)的取值 ……………………………… 168
　5.3 结构分析 ………………………………………… 170
　5.4 既有结构构件极限状态验算表达式 …………… 172
　5.5 既有结构构件可靠性评定方法 ………………… 173
　5.6 既有结构体系可靠性评定方法 ………………… 174

- 6 既有混凝土结构构件可靠性评定 …………………… 176
  - 6.1 既有混凝土结构构件安全性评定 …………… 176
  - 6.2 既有混凝土结构构件使用性评定 …………… 177
  - 6.3 既有混凝土结构构件耐久性评定 …………… 177
- 7 既有砌体结构构件可靠性评定 ……………………… 179
  - 7.1 既有砌体结构构件安全性评定 ……………… 179
  - 7.2 既有砌体结构构件使用性评定 ……………… 179
  - 7.3 既有砌体结构构件耐久性评定 ……………… 179
- 8 既有钢结构构件可靠性评定 ………………………… 180
  - 8.1 既有钢结构构件安全性评定 ………………… 180
  - 8.2 既有钢结构构件使用性评定 ………………… 180
  - 8.3 既有钢结构构件耐久性评定 ………………… 180
- 9 既有木结构构件可靠性评定 ………………………… 181
  - 9.1 既有木结构构件安全性评定 ………………… 181
  - 9.2 既有木结构构件使用性评定 ………………… 181
  - 9.3 既有木结构构件耐久性评定 ………………… 181

Contents

1 General provisions ··· 148
3 Basic requirements ··· 149
   3.1 General requirements ·· 149
   3.2 Working procedures and basic contents ············· 150
   3.3 Essential requirements ······································ 151
4 Structural inspection for existing buildings ················ 152
   4.1 General requirements ·· 152
   4.2 Sampling plan for structural inspection ············· 152
   4.3 Review and surveying of architectural and structural drawings ·· 153
   4.4 Foundation investigation and inspection ············ 154
   4.5 Investigation of structural usage conditions and usage environment ·· 155
   4.6 Mechanical performance testing of structural materials ··· 157
   4.7 Structural damage and material performance degradation detection ·· 163
   4.8 Post fire structural performance testing ············ 165
   4.9 Building deformation measurement ···················· 165
   4.10 On site load testing of structures ···················· 166
   4.11 Structural dynamic characteristic detection and damage identification ·· 167
5 Analysis and reliability assessment method of existing building structures ··· 168

    5.1 General requirements ……………………………… 168
    5.2 Value of load (action) …………………………… 168
    5.3 Structural analysis ……………………………… 170
    5.4 Expression for limit state verification of existing structural components ……………………………… 172
    5.5 Reliability assessment method for existing structural components ……………………………… 173
    5.6 Reliability assessment methods for existing structural systems ……………………………… 174
6 Reliability assessment of existing concrete structural components ……………………………… 176
    6.1 Safety assessment of existing concrete structural components ……………………………… 176
    6.2 Serviceability assessment of existing concrete structural components ……………………………… 177
    6.3 Durability assessment of existing concrete structural components ……………………………… 177
7 Reliability assessment of existing masonry structural components ……………………………… 179
    7.1 Safety assessment of existing masonry structural components ……………………………… 179
    7.2 Serviceability assessment of existing masonry structural components ……………………………… 179
    7.3 Durability assessment of existing masonry structural components ……………………………… 179
8 Reliability assessment of existing steel structural components ……………………………… 180
    8.1 Safety assessment of existing steel structural components ……………………………… 180

  8.2 Serviceability assessment of existing steel structural components ·· 180
  8.3 Durability assessment of existing steel structural components ·· 180
9 Reliability assessment of existing timber structural components ··· 181
  9.1 Safety assessment of existing timber structural components ·· 181
  9.2 Serviceability assessment of existing timber structural components ································· 181
  9.3 Durability assessment of existing timber structural components ·· 181

1 总 则

1.0.1 本条是编制本标准的目的。建筑结构在使用一段时间后,需要对其性能作出及时准确的评价,只有全面了解建筑结构在安全性、使用性和耐久性等方面存在的问题,才能提出既经济又合理的处理方案——或维护,或修缮,或加固亦或拆除等。目前国内已经制定了一些建筑结构检测和评定规范,但是这些规范尚有不足之处,例如"检测"和"评定"没有有机结合、计算方法沿用设计方法、基本未涉及耐久性、检测结果的可靠度水准不统一等。为了弥补这些缺陷,并使既有建筑的结构检测和评定有章可循,制定了本标准。本标准所述的建筑主要是指房屋建筑。

1.0.2 本条规定了本标准的适用范围,针对既有建筑结构耐久性分析,增加了剩余使用寿命预测。

1.0.3 本条表明既有建筑的检测和评定,除应执行本标准的规定外,尚应执行国家现行有关标准、规范的规定。在实际工作中,本标准和国家现行的有关标准应结合使用。

3 基本规定

3.1 一般规定

3.1.1 为使检测评定工作标准化,保证检测工作的质量,本条规定了必须按本标准进行结构检测和评定的各种情况。其中,建筑的结构改造包括增层、插层、扩建、顶升、移位、局部改建或拆除等;结构性能退化主要是指钢筋或钢材锈蚀、混凝土开裂、砌体材料风化、木材腐蚀等。

3.1.2 既有建筑结构检测与评定的对象应为独立受力的结构体,即整幢建筑或按独立受力原则划分的相对独立的鉴定单元。即使按委托要求只进行局部检测,也应根据检测结果评定局部性能或局部荷载变化时对结构整体受力性能的影响。

3.1.3 为正确了解既有建筑的结构性能,必须将结构现场检测和计算分析有机地结合起来。现场检测可为结构评定提供基本信息,计算分析是结构评定的理论基础。当无法通过现场检测获得必须的结构物理力学性能时,还应做室内试验分析。为了给委托方提供决策依据,检测评定报告应有明确的结论,不能含糊其词,对出现的问题,应有可行的建议和解决方案。

3.1.4 本条定义的目标工作年限主要有以下两方面的含义:一是委托检测评定方(或称甲方)根据房屋的现状和自己的使用要求,希望建筑能再使用若干年(如10年、20年或30年……本标准称之为希望继续工作年限),之后可能改建或作他用,以节省投资,或经论证后拆除;二是建筑维持现状能继续使用多长时间(即建筑的剩余寿命)。为给甲方一个明确的检测评定结论,就将甲方的希望继续工作年限定为目标工作年限,以此作为标准时间段对结构进行评定。建筑剩余寿命的评估是一个非常复杂的问题。定义了目标工作年限后，可以用逐步搜索法确定建筑的剩余寿命，具体步骤是：①根据建筑使用历史、现状和未来使用情况分别确定不同的目标工作年限，如 5 年、10 年、20 年、30 年、40 年等；②从小到大取不同的目标工作年限，对结构的可靠性进行分析；③若对给定的目标工作年限，经计算分析确定结构是可靠的，则说明建筑的剩余寿命大于（或至少等于）该目标工作年限，继续进行搜索分析；④若对给定的目标工作年限，经计算分析确定，结构是不可靠的，则说明建筑的剩余寿命小于（或至多等于）该目标工作年限。此时，只有采取必要的加固维修措施或改变建筑的用途才能延长建筑的剩余寿命。

目标工作年限是对既有建筑进行结构可靠性评定的时间标准。本标准的活荷载，以及材料、结构性能的最终退化值，都是以目标工作年限作为时间标准来确定的。

3.2 工作程序和基本内容

3.2.1 本条阐述了检测工作的全过程和几个主要的阶段。图 3.2.1 中的各个阶段都是一般建筑结构检测中必不可少的。对于特殊情况，则应根据委托方的具体要求和相关部门的政策规定确定结构检测评定程序及相应的内容。

3.2.2 根据检测评定对象的具体情况和检测评定目的成立专门的检测项目组。

3.2.3 对建筑结构的现场初步调查和有关资料的收集是非常重要的。这不仅有利于检测方案的制定，还有助于确定检测的内容和重点。现场调查主要是了解被检测结构的现状、在使用期间加固维修的历史以及用途和荷载等的变更情况。

3.2.4 建筑结构检测评定方案应根据检测目的、建筑结构现状的调查结果来制定。

3.2.5 本条规定了既有建筑可靠性评定前检测工作的主要内容。实际工程中,可根据检测对象的具体情况,确定必需的检测内容。对优秀历史建筑或特别重要的建筑,宜根据具体要求进行专项检测。

3.2.6、3.2.7 规定了结构分析的基本内容和可靠性评定的基本方法。

3.2.8、3.2.9 应对损伤和性能劣化的原因和被检测结构的可靠程度提出明确的结论,同时对可能出现的问题提出预防措施,对已出现的问题提出加固、修复方案。

3.3 基本要求

3.3.1 结构检测结果正确与否直接影响到评定结果。因此,有必要对检测所用的仪器设备提出相应要求。

3.3.2 为保证基本信息准确可靠,若发现检测数量不满足规定的要求或检测数据出现异常,应进行补充检测。

3.3.3 在建筑结构的检测中,当采用局部破损或微破损方法检测时,在检测工作完成后应立即修补结构构件局部破损的部位。在修补中宜采用高于构件原设计强度等级的材料,同时不能引起附加应力或附加损伤,以保证结构安全。

3.3.4 结构的计算模型应准确反映结构的受力特征,结构的分析方法不能过于简化,应有足够的精度以便对结构的性能有正确的认识。

3.3.5 本条规定了检测评定报告的基本内容,如果委托方还有其他方面的要求,可与检测方进行商议确定。

3.3.6 既有建筑结构可靠性检测评定是一个复杂的过程,且具有很强的技术性,评定结果不仅关系委托方的决策,还关系人民生命财产安全。只有经过专门训练、具有专门知识、积累相当经验的技术人员才有能力承担此项工作。检测评定报告只有经技术负责人和项目负责人签字,并加盖检测单位签章才有效。

4 既有建筑结构检测

4.1 一般规定

4.1.1 结构检测工作的目的是为可靠性评定提供基本依据,因此除了规定必要的检测工作内容外,还应充分关注检测工作的深度和范围。当发现检测数据或信息不足时,应作出针对性的补充检测。

4.1.2 进行结构现场检测时,有时会进行局部破损检测,故应选取具有代表性的部位,并应尽量减少对结构性能的影响,且不应影响结构安全。

4.1.3 建筑的工程资料可以作为结构检测的依据,但应对工程资料的真实性和可信度进行抽样检测复核。当工程资料不齐全或可信度不高时,应进行现场全面检测和测绘。

4.2 结构检测抽样方案

4.2.1 一幢建筑往往有若干个独立的结构单元组成,如单层工业厂房中设置一条变形缝就将上部结构分成两个独立的部分。一个独立的结构单元又由若干类构件组成,不同类构件之间、同类构件之间的材料强度等级又可能不同。因此,在一个独立的结构单元内应按构件的种类、材料强度的原始设计等级及施工方法、施工工序等划分不同的检测单元,且材料性能的检测宜按检测单元进行检测。本条按检测单元检测时的抽样原则主要是根据同济大学的研究成果确定的。关于非材料性能项目检测的抽样原则,主要是根据已有的经验并参考其他相关资料而确定的。

4.2.2、4.2.3 根据同济大学的研究成果并参考其他相关资料，本两条规定了几何尺寸和材料性能检测的最小抽样数量。几何尺寸分为两种：对结构抗力影响不大的几何尺寸和对结构抗力影响较大的几何尺寸。从经济角度出发，前者抽检的数量可适当少于后者。对于材料性能检测的最小抽样数量，本标准从保证检测结果平均值应具有可以接受的最低精度出发，规定了一般情况下现场抽样的最低数量为5个。如果委托方对检测精度有较高的要求，也可适当增加抽样数量。

4.2.4 为确保检测数据的真实可信以及进行科学的统计分析，在进行既有建筑的现场检测数据处理时，应确保检测样本数量，并对检测数据进行充分判别。

4.2.5 当样本中出现异常数据时，应谨慎对待，按本条的规定进行判断和处理。

4.2.6 为减小不确定性因素的影响，采用间接方法进行检测时，宜采用直接检测方法检测结果进行修正。常用的修正方法有修正系数方法、修正量方法或综合系数和参数方法等。

4.3 建筑图和结构图的复核与测绘

4.3.1、4.3.2 由于施工中修改、使用过程中维修和改造等原因的影响，既有建筑的建筑布置、构造可能有别于原始设计图纸。因此，即使有原始设计图纸，也应根据建筑的实际情况对其进行复核。如无原始建筑设计图纸，应进行现场测绘。

4.3.3 现场测绘建筑图纸的内容、方法及测绘工具的选择等应以能了解建筑布置、主要建筑尺寸、主要建筑构造，便于计算荷载为主要目标。随着检测技术的发展，对复杂的建筑构造或建筑立面，也可采用三维激光扫描技术和无人机摄影测量技术相结合的测绘方法。

4.3.4 本条规定了既有建筑图纸的复核与绘制要求。对具有历史意义的文物、保护性建筑和重要建筑尚应符合一些特殊要求。

4.3.5 既有建筑的恒荷载在理论上应该是确定量,但由于受现场检测条件和检测手段的限制,检测恒荷载的值仍有不确定性。为尽可能减小不确定性,恒荷载的检测现场取样应有代表性。当建筑经多次装修改造时,应通过局部钻取芯样确定楼板结构层和装饰层的构造,以此确定恒荷载。

4.3.6～4.3.8 根据既有建筑结构的特点,在进行结构图的复核与测绘前,应对结构材料进行辨识。现场测绘结构图纸的内容、方法及测绘工具的选择等应以能了解结构布置、主要构件尺寸、主要结构构造、节点连接形式、混凝土构件配筋等信息,便于计算荷载和进行结构建模计算分析为主要目标。

4.3.9 结构类别和传力体系决定了结构分析模型和结构分析方法的选取。本条所述的主体结构的类别包括混凝土结构体系、钢结构体系、砌体结构体系、混合结构体系、木结构体系和其他结构体系等。本条所述的传力体系主要是指框架体系、排架体系、桁架体系、墙体承重体系和混合承重体系等。

4.3.10 本条规定了既有建筑结构图的复核与绘制要求。由于结构构件的截面尺寸直接影响到构件的承载力和使用性能,故宜全数量测。由于目前尚无可靠的无损检测方法检测混凝土结构中钢筋的种类、位置、数量、直径,故规定采用非破损和局部破损相结合的方法确定混凝土结构中钢筋的种类、位置、数量、直径。用非破损法进行普查,用局部破损法进行重点抽查。当构件中遇到多排钢筋或密排钢筋时,考虑其对雷达波法或电磁感应法检测结果的影响,应凿开混凝土进行检查。

4.3.11 本条规定了既有建筑结构构件的混凝土保护层厚度检测要求。

4.4 地基基础调查与检测

4.4.1 地质情况对确定地基的工作状态非常重要,结构评定之前必须弄清地质情况。

4.4.2 当既有建筑的荷载明显增加时，为保证地基基础的安全工作，应进行地基基础情况调查。

4.4.3 目前尚无有效的方法检测既有建筑结构的基础形式和埋深，故对于条形基础或独立基础等浅基础建议采用开挖的方法进行抽查。对筏板基础可采用地质雷达进行探测。针对既有建筑结构的基桩，根据检测内容的不同可采用静载荷试验、低应变法、钻芯法、旁孔透射法、磁测桩法等进行检测；与新建建筑不同，考虑到既有建筑的实际情况，现场检测时候应根据现场条件对操作面做好处理。若无有效手段进行基础情况的检测，且建筑上部使用荷载不发生变化时，可根据建筑的相对沉降、整体开裂、过去的使用荷载等信息，间接判断基础的工作情况。

4.5 结构使用条件和使用环境调查

4.5.1～4.5.5 既有建筑的使用条件和使用环境是影响结构安全性和耐久性的直接原因。安全性评定时必须对结构使用功能、结构上的作用、使用历史和周边相邻工程影响等因素进行详细调查，耐久性评定时必须对结构工作环境和使用环境进行详细调查和检测。结构使用环境可划分为结构所处区域的气象条件和结构或构件周边的工作环境两个层次。

4.5.6 近年来，因城市工程建设及城市更新改造，周边相邻工程施工对既有建筑影响事件日益增加，本条给出了周边相邻工程影响的调查内容。

4.5.7 使用期间的气象条件可按照所在地区气象部门的历史资料进行取值，缺乏历史资料时可参考表1取值。工作环境的调查相对复杂，工业建筑的工作环境可根据使用单位的技术资料或根据生产工艺、流程参照现行国家标准《工业建筑防腐设计标准》GB 50046取值；民用建筑室外构件的工作环境一般可按气象资料取值,室内构件则需考虑房间有无空调、通风状况、朝向等适当进行调整。

表1 1971—2023年期间上海气候标准值

月统计	月平均气温(℃)	月极端最高气温(℃)	月极端最低气温(℃)	月平均相对湿度(%)	月平均风速(m/s)	月降水量(mm)
1月	4.6	21.6	−10.1	71.6	2.1	50.9
2月	5.8	26.8	−7.7	73.6	2.2	64.6
3月	9.8	29.5	−3.7	72.2	2.3	80.9
4月	15.3	33.9	−0.4	73.1	2.3	98.0
5月	20.2	36.7	6.9	75.2	2.1	106.2
6月	24.1	38.8	12.3	80.9	2.1	175.4
7月	28.6	40.9	16.3	79.3	2.2	141.9
8月	28.4	40.8	18.8	78.9	2.2	175.7
9月	24.4	37.7	10.8	77.8	2.1	156.3
10月	19.1	36.0	2.2	73.4	1.9	64.9
11月	13.4	28.5	−4.2	73.0	1.9	58.1
12月	6.9	23.4	−8.5	70.7	1.9	42.4
年统计	年平均气温(℃)	年极端最高气温(℃)	年极端最低气温(℃)	年平均相对湿度(%)	年平均风速(m/s)	年降水量(mm)
	16.7	40.9	−10.1	75.0	2.1	1 215.2

(数据来源:国家气象科学数据中心 https://data.cma.cn/)

4.5.8 目标工作年限内气象条件的预测可根据所在地区气象部门提供的历史资料,由其历年来的发展规律进行预测。常用的预测方法有经验预测法、统计学预测法及基于非线性理论的预测方法。同济大学的研究表明,Holt-Winters指数平滑模型的预测精度较好。Holt-Winters指数平滑模型分无周期模型、周期加法模型、周期乘积模型三种。其中,Holt-Winters周期指数平滑模型把含有具体线性趋势、周期变动和随机变动的时间序列进行分解研究，并与指数平滑法相结合，分别对长期趋势、趋势的增量和周期变动做出估计，之后建立预测模型，外推预测值。

工作环境的预测还需考虑目标工作年限内建筑功能的变化、结构构件表面的变化等。

4.6 结构材料力学性能检测

4.6.1 本条规定了在进行混凝土材料力学性能检测时检测单元的划分原则。一般情况下，可按房屋的层划分检测单元。当不同类型构件的混凝土力学性能检测值相差较大时，也可按房屋构件的类型划分检测单元。当房屋的层数较多，且确知混凝土的强度设计等级时，也可将混凝土设计强度相同的若干层合并作为一个检测单元。

4.6.2 对既有建筑而言，混凝土材料的变形性能指标一般难以直接检测。故本条建议采用间接的方法，根据混凝土的测试强度推定混凝土材料的变形指标。

4.6.3～4.6.6 不同的检测方法有不同的适用范围和要求。当混凝土材料表里不一时，如表面受冻伤、受火灾、受化学侵蚀、有严重内部缺陷等，经加大截面法加固处理的原有构件混凝土，以及对一些特种混凝土，均宜采用钻芯法。通常，当采用回弹法或超声回弹综合法检测混凝土强度时，对龄期大于3年的混凝土均应采用芯样进行修正。

4.6.7 本条主要参考现行国家标准《民用建筑可靠性鉴定标准》GB 50292的已有成果。

4.6.8 本条主要考虑到利用已有的成果，且体现高强混凝土的特点。

4.6.9 当既有混凝土结构遭受环境侵蚀或火灾、高温等影响时，不能直接采用无损检测方法对其强度进行检测，应优先采用钻芯法进行检测。

4.6.10 本条给出了既有建筑结构材料性能检测时的混凝土强度推定原则。通过检测推定确定的混凝土强度标准值相当于立方体抗压强度标准值,与强度等级之间具有对应关系。

4.6.11 一般情况下,可按房屋的层划分检测单元。由于砌体的离散性较大,当房屋的层数较多,且确知砌体的强度设计等级时,只有单层的建筑面积较小时(不超过 300 m^2),才将具有相同设计强度等级的若干层合并作为一个检测单元。

4.6.12 对砌体结构,砌体材料的变形性能指标可以直接检测。当无条件直接检测砌体的变形性能指标时,可按本条建议采用间接的方法,根据砌体的测试强度推定其变形指标。

4.6.13 直接检测法和间接检测法的选取可按建筑的检测要求以及现场的检测条件来选取。

4.6.14 考虑到间接检测法需经计算才能获得砌体的强度,为避免产生较大误差,间接检测法的抽样数量略大于直接检测法。

4.6.15 在砌体结构中取样,尤其是块材的取样,往往要涉及较大的范围。为保证检测结构的安全,一般情况下应尽量避免取样。

4.6.16 根据上海市建筑科学研究院的研究结果,原位轴压法可同样适用于检测多孔砖砌体的抗压强度。原位双砖双剪法是经对现行国家标准《砌体工程现场检测技术标准》GB/T 50315 中的原位单砖双剪法改进后提出的,其检测方法与原位单砖双剪法相似,不同点在于受剪体是两块并排的顺砖,且检测时一般应采用释放受剪面上部应力的试验方案(测点一般布置在窗台下),但由于约束条件的不同,其强度换算公式与原位单砖双剪法有很大差异。考虑到现场的可操作性,本条不推荐原位单砖双剪法。

4.6.17 上海市建筑科学研究院的研究结果表明,无论对于试验室试件还是实际工程试件,按现行国家标准《砌体工程现场检测技术标准》GB/T 50315 规定的原位轴压法强度换算公式换算的砌体抗压强度存在很大的误差,一般情况下换算强度偏低。强度换算系数 ζ_{1i} 和砌体竖向压力之间的相关性很差,而与槽间砌体抗压强度 f_{ui} 的相关性却较好。式(4.6.17-3)是根据试验室试件和实际工程试件检测结果拟合得到的,ζ_{1i} 的下限取值 1.15 大致与扁顶法的强度换算系数的下限相当。

4.6.18 上海市建筑科学研究院的研究结果表明,原位双砖双剪法检测时的约束条件明显好于砌体抗剪强度标准试验试件,其检测结果稳定性好,槽间砌体抗剪强度检测值明显高于标准试验值。原位双砖双剪法试件的剪切截面为 240 mm×240 mm,小于抗剪强度标准试件的剪切截面 240 mm×370 mm。考虑到约束和尺寸效应,将原位双砖双剪法槽间砌体强度检测值换算为砌体抗剪强度标准试验值,应除以一个大于 1 的系数 ζ_{2i},取其为 6 组试件的原位双剪法槽间砌体抗剪强度与相应标准试件砌体抗剪强度比值的较低值 1.5。

无论对于抗剪强度标准试验,还是原位双砖双剪法检测,当砂浆的强度相同时,多孔砖砌体的抗剪强度明显高于普通砖砌体,这是由于多孔砖砌体中竖向圆孔内砂浆的销钉效应所致。试验结果的基本规律为,砂浆强度越低,销钉效应越明显。故引入多孔砖的销钉效应系数 ζ_{3i}。其计算公式是对 6 组原位双砖双剪法试件的槽间砌体强度检测值与相应标准砌体检测值进行线性拟合得到的。

4.6.19 本条主要在统一可靠度水准的基础上考虑充分利用已有的成果。

4.6.20 根据上海地区既有建筑结构检测的工程实践,筒压法和砂浆切片法的精度不高,稳定性差。故本标准不推荐这两种方法。针对历史建筑中常见的石灰黏土砂浆,一般不建议采用回弹法或贯入法进行检测;如需采用以上两种方法进行检测,宜建立合适的地区测强曲线。

4.6.21 换算公式(4.6.21)是根据现行国家标准《砌体结构设计

规范》GB 50003 规定的抗剪强度平均值计算公式 $f_{v,m} = 0.125\sqrt{f_2}$ 反推的。

4.6.22 上海市建筑科学研究院的试验研究表明,对于强度低于 $2 N/mm^2$ 的砂浆,用贯入法检测的砂浆强度与砂浆试块强度之间的误差很大。另外,指数形式的 f_2-d 测强曲线在低强度段,f_2 与 d 的相关性很差(曲线的斜率很小)。当砂浆强度较高时,砂浆强度受贯入深度的影响又十分敏感(曲线的斜率过大),如贯入深度减小 0.3 mm,砂浆强度即增加 $4 N/mm^2$,这对贯入深度测量精度提出了过高要求;而对实际工程,砂浆表面的平整度一般较差,要使贯入深度达到如此高的精度很难做到。因此,对低强度砂浆(低于 $2 N/mm^2$)或高强度砂浆(高于 $12 N/mm^2$),在用贯入法检测后宜用原位双砖双剪法等相对可靠的方法进行校核与修正。

现行行业标准《贯入法检测砌筑砂浆抗压强度技术规程》JGJ/T 136 的测强曲线是基于砂浆试块上的检测结果建立的,这与实际工程中在砌体灰缝中检测有很大不同。上海市建筑科学研究院基于砌体灰缝中砂浆强度贯入法检测结果与同条件下砂浆试块强度的对比试验,得到的水泥混合砂浆的贯入法测强曲线见式(4.6.22)。式(4.6.22)与 JGJ/T 136 的测强曲线的比较见图2。总体上,按 JGJ/T 136 的测强曲线换算的砂浆强度,在强度较低时偏高,在强度较高时偏低。对于水泥砂浆,因实际工程中主要在地面以下砌体中采用,未进行专门的试验研究,仍可采用 JGJ/T 136 的测强曲线。

4.6.23,4.6.24 回弹法检测结果对中等强度砂浆的精度较好;对高强度砂浆的检测结果误差较大,应用原位双砖双剪法等相对可靠的方法校核与修正;对低强度砂浆因回弹仪的弹击杆不能起跳而无法检测,此时可采用原位双砖双剪法检测砌体的抗剪强度后推算砂浆强度。上海市建筑科学研究院的试验研究表明,回弹法可同样适用于多孔砖砌体中砂浆的检测。

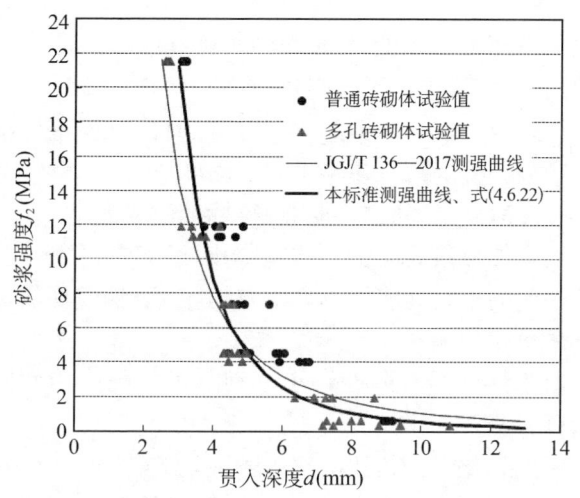

图 2 两条贯入法测强曲线的比较

4.6.26 为保证推算砌体强度的准确性,减少离散性,块材的取样位置和砂浆的取样位置应一致,且块材的试验方法应满足现行相关标准的要求。

4.6.27 回弹法是一种实用方便的材料性能的现场检测方法。根据现行行业标准《回弹仪评定烧结普通砖强度等级的方法》JC/T 796,可在试验室的标准条件下应用回弹仪检测烧结普通砖的强度。但是,砖在既有建筑中的工作条件和试验室中的标准条件有着很大的区别:试验室标准条件下,测点可布置在两个条面上,测点的间距为 30 mm,试件(砖块)间无粘结自由叠放且受 500 N 重锤压制;现场工作条件下,砖块一般只有一个条面,测点的间距小于 30 mm,砖块间有砂浆粘结,被测砖块的压力远大于 500 N。因此,要想利用现行行业标准《回弹仪评定烧结普通砖强度等级的方法》JC/T 796 中的测强曲线在现场用回弹法检测既有建筑中烧结普通砖的强度,必须首先对现场测试获得的回弹值进行必要的修正。同济大学首先分析了测点间距、竖向荷载以及砂浆粘结对烧结普通砖块回弹值的影响,进而通过18组试件的对比试验研究了现场条件下砖块的回弹值与试验室标准条件下砖块回弹值之间的相关关系,提出了既有建筑中砖块现场测试回弹值的修正公式——式(4.6.27)。据此,可利用已有的试验室标准条件下的测强曲线现场检测既有建筑中砖的强度。

4.6.28～4.6.31 考虑充分利用现行标准的成果。

4.6.32 当砌体材料表面由于环境作用而出现性能退化时,不宜采用基于硬度的材料性能检测方法,应选用取样或现场原位受力试验的方法进行检测。

4.6.33 由于钢材的离散性较小,因此,可按同类构件同一规格的钢材划分检测单元。

4.6.34 考虑到化学分析法的精度不高,本条不推荐此法。

4.6.35～4.6.39 在构件上直接切取试样检测钢材的力学性能时,其试样的选取、制作、试验项目、试验方法等尽量和现有规范或标准相一致。

4.6.40 由于钢材的离散型较小,可以取3个检测单体中测区平均值作为钢材硬度的代表值换算钢材的抗拉强度。

4.6.41、4.6.42 在既有建筑的可靠性评定中,钢筋混凝土构件中钢筋的强度是不可缺少的基本信息。对钢筋进行现场取样试验直观、可靠。但在很多情况下被测结构不适宜或无法取样。此时,可以采用表面硬度法近似推断钢筋的强度。表面硬度法是根据金属材料的极限强度 f_b 与其硬度存在一定相关性的原理建立起来的一种非破损试验方法。在试验室,一般采用布氏硬度换算钢材的极限强度,低碳钢的极限强度与其布氏硬度间的关系为 $f_b=3.6HB$,或者由现行国家标准《黑色金属硬度及强度换算值》GB/T 1172 直接由硬度查表得出强度。对于现场检测,常用里氏硬度计法,按现行国家标准《金属材料 里氏硬度试验》GB/T 17394 进行。其检测过程为:首先测出里氏硬度值(HLD),然后换算成布氏硬度(HB),再推算出强度,即 HLD→HB→f_b。但由试验研究发现,由于现场检测条件和试验室检测条件间存在差异,以及不同硬度值间的换算带来的误差,按照上述方法将里氏硬度法直接用于现场检测会使检测结果很不精确。同济大学通过抽取大量工程实际的普通建筑和历史建筑中钢筋,经试验研究及统计分析,提出应用式(4.6.42)计算钢筋的强度。实践表明,效果较好。

4.6.43,4.6.44 焊接接头和螺栓连接件的力学性能直接影响钢结构的整体受力性能,应优先采用直接试验法。

4.6.45~4.6.49 在木结构构件上取样极易伤害原结构。故若能判断出木材的种类和产地,一般不在结构上取样。而是根据木材的种类、产地和实际的使用情况,由现行国家标准《木结构设计标准》GB 50005 确定木材的力学性能。只有无法确定木材的种类或木构件的使用情况非常恶劣,且又能够取样时,才直接切取试样进行试验。

4.6.50 本条实际上仅能得到偏于保守的木材强度的估算值。

4.7 结构损伤及材料性能劣化检测

4.7.1 混凝土结构损伤及材料性能劣化检测的内容可根据实际结构的具体情况确定。

4.7.2,4.7.3 当混凝土结构构件表面无粉刷层时,可方便地按照第4.7.2条,采用目测的方法检测混凝土结构构件的外部缺陷。当混凝土结构构件表面有粉刷层且确实怀疑混凝土有表面缺陷时,可采用敲开粉刷层随机抽样的方式进行检测。当确实怀疑混凝土有内部缺陷时,可采用第4.7.3条的方法进行检测。

4.7.4 混凝土结构的开裂情况直接影响到结构的计算分析模型和可靠性评估结论。因此,是混凝土结构的必检项目。

4.7.5 当采用回弹法检测混凝土的强度时,应测试混凝土的碳化深度。另外,根据混凝土的碳化深度可以判断钢筋是否可能发生锈蚀。因此,混凝土碳化深度的检测也是混凝土结构的必检项目。当碳化深度达到或超过混凝土保护层厚度时,钢筋可能锈蚀。

4.7.6,4.7.7 当怀疑混凝土中含有过量的氯离子或硫酸盐,并已对结构产生不利影响或有潜在的不利影响时,可采用本两条的方法检测混凝土氯离子或硫酸盐含量及分布。对于外渗型氯离子侵蚀构件,如发现氯离子侵蚀深度达到或超过保护层厚度,钢筋可能锈蚀。

4.7.8,4.7.9 当怀疑混凝土中发生了碱骨料反应或含有氧化镁骨料,并已对结构产生不利影响或有潜在的不利影响时,采用本两条的方法检测碱骨料反应及氧化镁骨料对混凝土结构的影响。

4.7.10 钢筋锈蚀将直接影响结构的安全性,钢筋锈蚀状况的检测是混凝土结构的必检项目。

4.7.11 钢结构构件损伤及材料性能劣化检测的内容可根据实际结构的具体情况确定。

4.7.12 对有防火要求的钢结构构件,防火措施的有效性和完备性是必检项目。

4.7.13 当怀疑构件的凹凸变形对结构的安全性和使用性有影响时,应检查构件的变形情况。

4.7.14 对承受重复荷载、冲击荷载以及在低温环境中的钢结构构件,裂缝是必检项目。采用橡皮木锤敲击法进行裂缝普查时,可用包有橡皮的木锤敲击构件的多个部位,若声音不清脆、传音不均匀则有裂缝损伤存在。

4.7.15~4.7.19 钢结构构件的连接直接影响结构计算模型的准确性和结构安全性评定结论的正确性,是钢结构的必检项目。

4.7.20,4.7.21 钢结构构件的锈蚀将直接影响到结构的安全性,是钢结构的必检项目。

4.7.22~4.7.25 砌体结构的裂缝、块体和砂浆的粉化、腐蚀等内容均为必检项目。

4.7.26~4.7.30 木结构构件及其连接节点在不同工作环境中的损伤情况可能不一致,故木结构构件及连接节点的损伤应逐根、逐个检查,且木结构构件及其连接节点的损伤均为必检项目。

4.8 火灾后结构性能检测

4.8.1~4.8.4 规定了既有建筑火灾后结构性能检测的工作内容、检测方法及具体要求。火灾后的结构损伤程度分为五种状态:未受影响指装饰层完好或仅受烟熏;表层灼烧损伤指直接暴露于火焰或高温烟气构件表层损伤;构件损伤指构件烧伤深度已超过表层范围;构件破坏指受火灾作用后结构出现承载力不足状况;局部坍塌指受火灾作用后出现局部结构不可恢复变形及破坏。应对火灾后结构的损伤程度作全面的检测。在实际检测过程中,具体检测方法可按现行协会标准《火灾后工程结构鉴定标准》T/CECS 252 执行。

4.8.5 既有建筑遭遇火灾后,除应对过火区域结构受损情况进行详细检测,还应对火灾影响区域和未受影响区域交界范围内的构件进行重点检测,以判断相邻区域连接构造及构件的受损情况。

4.9 建筑变形检测

4.9.1~4.9.12 建筑的相对沉降和倾斜可以作为评判地基、基础工作状态的重要辅助信息。因此,建筑的相对沉降和倾斜应作为必检项目。当监测历史数据缺失,在进行相对沉降检测时,可选取房屋施工时处于同一水平面的标志面,应优先选择未作改建或装修的窗台面。实际检测中,应充分估计施工误差的影响。

水平构件的挠度、竖向构件的垂直度以及节点的变形是衡量构件使用性能的重要指标,另外竖向构件的垂直度还会影响构件的承载力(二次弯矩的影响)。因此,当怀疑构件的刚度或必须对结构的使用性能作评价时,应检测构件的挠度、垂直度和节点的变形。节点变形检测的主要内容是节点连接构件间的滑移、掀起或相对转角等。

4.10 结构的现场荷载试验

4.10.1～4.10.8 主要参考现行国家标准《混凝土结构工程施工质量验收规范》GB 50204 的相关成果并根据既有结构的实际情况作了如下调整:

1 既有结构的现场试验一般不希望构件破坏。因此,混凝土受弯构件承载力试验前应确定最大的试验荷载。最大试验荷载的确定原则是:若构件是安全的,则最大荷载作用下构件不会出现表 4.10.4 所示的任一种破坏标志。

2 对连续构件,试验中考虑荷载的不利布置。

3 由于无法估计出既有预应力混凝土结构构件中预应力在构件抗拉边缘混凝土内产生的法向应力值,因此,用式(4.10.7)的简单方法来检验构件抗裂度。式(4.10.7)右端的 1.05 主要是考虑现场试验为短期加载,实际结构长期受荷,故而引入 5% 的余量。

4 既有混凝土受弯构件一直受恒载作用,因此将现行国家标准《混凝土结构工程施工质量验收规范》GB 50204 中的最大裂缝宽度允许值分别由 0.15 mm、0.20 mm 和 0.25 mm 提高至 0.20 mm、0.25 mm 和 0.30 mm。

另需注意,应用第 4.10.5 条和第 4.10.6 条的规定进行受弯构件的挠度检验时,应按本标准第 4.9 节中的方法预先测出静载(自重)作用下构件的变形,再和附加荷载(荷载标准值或准永久值减去自重标准值)作用下的挠度增量实测值迭加作为 a_s^0 或 a_q^0。

4.10.9 对大型复杂钢结构体系及木结构体系进行现场荷载试验的目的主要是检验结构的性能、验证结构分析模型。荷载值不能太大，应使结构处于弹性工作状态。

4.11 结构动力特性检测与损伤识别

4.11.1 考虑到动力特性测试的复杂性，且需要较大的费用，本标准建议只有对重要和大型的公用建筑或动力特性对结构的可靠性评估起重要作用时，才进行动力测试。

4.11.2 为获得正确测试结果而采取的一些措施。

4.11.3～4.11.5 给出了通过测试分析获得结构自振频率、振型和阻尼比的方法。

4.11.6～4.11.8 给出了结构损伤动力识别的基本方法。

在荷载作用下，既有建筑结构的损伤主要表现为"开裂"。不同于钢结构和木结构，对混凝土结构和砌体结构，"开裂"一般只降低结构的刚度而不影响其承载力。结构损伤引起的刚度变化会在结构中产生内力重分布，还会影响结构的地震反应。对可直接观察到的局部损伤，根据检测结果，可直接修正局部刚度进行结构分析。对难以观察到的全局损伤，根据式(4.11.7)识别出的损伤程度按本标准第5.3.14条的相关要求对结构的整体刚度进行修正，可以更加准确地获得结构反应的计算结果。

5 既有建筑结构分析与可靠性评定方法

5.1 一般规定

5.1.1 检测方可以根据既有结构的使用现状或委托方的要求首先确定其目标工作年限,然后同设计规范类似采用极限状态法评定既有结构的可靠性。

5.1.2 对于单个结构构件,如果无法取得其几何尺寸或材料性能的准确检测值,或者对检测数据有怀疑时,可以进行现场荷载试验。

5.1.3 既有建筑结构体系的可靠性评定应在构件可靠性评定的基础上进行。

5.2 荷载(作用)的取值

5.2.1 本条规定了既有建筑恒载标准值的取值方法。对既有建筑的结构构件进行承载能力验算,首先考虑的问题就是提供符合实际情况的荷载(作用),故应尽量通过调查或实测予以核实和确定。本节考虑了抽样数量以及恒载对结构的不同影响时的取值方法。

5.2.2 本条规定了楼(屋)面活荷载标准值的取值方法,列出了对应于不同目标工作年限的活荷载标准值的修正系数。既有建筑的目标工作年限一般不同于设计基准期,因此活荷载的标准值取值需要对其概率分布调整以后重新确定,使其更符合既有建筑的实际情况,以避免取值过大或过小。在既有结构的目标工作年限$[0, T_1]$内,最大荷载Q_{T1}的概率分布函数$F_{QT1}(x)$可由下式

表示:

$$F_{QT1}(x) = [F_Q(x)]^{m_{T1}} \quad (式1)$$

式中:$F_Q(x)$——任意时点荷载 Q 的概率分布函数;

m_{T1}——$[0, T_1]$ 内荷载 Q_{T1} 的平均出现次数。

由活荷载在目标工作年限内最大值概率分布的某个分位值可确定活荷载的标准值。在本标准中,该分位值的取值与现行国家标准《建筑结构荷载规范》GB 50009 和《工程结构通用规范》GB 55001 的取值相一致。

5.2.3 由于缺乏工业建筑楼(屋)面活荷载及吊车荷载的概率分布模型,该两项荷载按现行国家标准《建筑结构荷载规范》GB 50009 和《工程结构通用规范》GB 55001 取值。

5.2.4 本条规定了既有建筑风压的取值方法。风的基本统计对象是平均风速,基本风压 ω_0 是根据全国各气象台站历年来的最大风速记录,按基本风压的标准要求,将不同高度、时次、时距的年最大风速,统一换算为离地 10 m 高、10 min 平均年最大风速(m/s)。根据该风速数据,经统计分析,现行国家标准《建筑结构荷载规范》GB 50009 规定对设计基准期为 50 年的结构取重现期为 50 年的最大风速作为当地的基本风速 v_0,再按下列公式计算当地的基本风压:

$$\omega_0 = v_0^2 / 1\,600 \quad (式2)$$

对于目标工作年限不是 50 年的既有结构,仍然采用重现期为 50 年的最大风速显然是不合适的,这时可以把目标工作年限作为重现期重新计算当地的基本风压。本条即按此原则确定上海地区的基本风压。

5.2.5 本条规定了既有建筑雪压的取值方法。同风压的取值方法一样,雪压的取值同样考虑了不同重现期对基本雪压的影响。

5.2.6 基本烈度是指既有建筑在剩余工作年限内超越概率为

0.10 的烈度值。地震区划图上只给出了 50 年内 10% 的超越概率的抗震设防标准。当结构的目标工作年限不同于 50 年(如：对于某些重要的结构，特别是要长期保留的历史性、保护性建筑，所要求的剩余工作年限常常大于 50 年，而某些临时性建筑，只需使用 20 年~30 年，或者可接受的风险概率不等于 0.1 时)，工程界就没有一个简单使用的估计方法。鉴于此，本标准参照有关文献的观点，根据重现期与设防烈度的关系，算出了对应于不同目标工作年限的抗震设防烈度，并给出相应的水平地震影响系数的最大值以及时程分析所用加速度时程曲线的最大值。

5.2.7 局部振动作用可通过动力实测确定。

5.3 结构分析

5.3.1 结构分析结果是建筑可靠性能评定的理论依据。既应充分利用已有的成果，也应考虑既有结构的特点，采取一些特殊的处理方法。当无法通过计算得出可靠的结构分析结果时，可辅助以模型试验和现场试验。

5.3.2 通过检测确定环境对结构的影响程度以及结构的损伤状况时，应对结构的理论计算模型做必要修正，以考虑环境和初始损伤对结构性能的影响。

5.3.3 结构的计算简图应尽量符合既有建筑结构的实际工作状况。

5.3.4 历史建筑的设计建造因受技术条件限制很难达到现行标准要求，且因保护要求，通常无法进行全面的加固，在进行结构分析时，可考虑非结构构件或次要构件的贡献，减少不必要的加固措施，在保证结构安全的同时更有利于历史建筑的保护。

5.3.5 考虑到复杂结构的特点，结合工程实际情况，对复杂结构的计算分析给出了相应的要求。少墙框架结构的判定可参考现行上海市工程建设规范《建筑抗震设计标准》DG/TJ 08—9 的相关规定。

5.3.6 既有建筑的结构损伤对其安全性会造成一定的影响,在计算分析时应根据具体情况在计算中予以合适的考虑。

5.3.7～5.3.10 在所有情况下均应对结构的整体进行分析。结构中的重要部位、形状突变部位以及内力和变形有异常变化的部分,必要时应另作更详细的局部分析。既有结构受有多种不同的荷载作用时,应确定其最不利的荷载效应组合。如委托方需要,可对极端外部荷载作用下结构的倒塌反应进行计算机仿真分析。

5.3.11、5.3.12 为了真实反映既有结构的受力性能,结构的几何、物理参数应尽量采用实测值。各种简化和近似假定应有理论和试验依据。

5.3.13 钢筋混凝土构件开裂后其截面的抗弯刚度会有所下降。因此,在分析已经开裂的钢筋混凝土构件时,其截面的初始抗弯刚度就不再适用,需对该初始抗弯刚度进行修正。本条根据同济大学对不同混凝土强度等级、不同截面尺寸和不同配筋梁柱截面的数值模拟分析,规定了钢筋混凝土构件从拉区混凝土开裂到钢筋屈服,其截面抗弯刚度与初始抗弯刚度之比的上、下限,以供参考使用。实际应用时,可根据裂缝的开展情况按下列原则选取合适的刚度比:当裂缝宽度为 0.05 mm 时,取 B_1/B_0;当裂缝宽度为 0.3 mm 时,取 B_2/B_0;当裂缝宽度介于 0.05 mm 和 0.3 mm 之间时,按线性插值确定截面的抗弯刚度。

5.3.14 根据同济大学的研究成果,若构件有原始测试记录,由式(4.11.7)识别出结构整体损伤,再应用式(5.3.14-1)和式(5.3.14-2)对结构的初始刚度和阻尼比进行修正后,可进行具有初始损伤结构的动力反应分析。若式(4.11.7)中的 f_{01} 系通过理论计算获得,则由式(4.11.7)识别出结构整体损伤后,应用式(5.3.14-1)和式(5.3.14-2)可对结构的理论分析模型进行修正,使其更加符合实际情况。

5.4 既有结构构件极限状态验算表达式

5.4.1 理论上,目标可靠指标应根据各种结构的重要性、失效后果、破坏性质、经济指标等因素以优化方法分析确定,但实际上很难找到合理的定量分析方法。我国的设计规范是采用"校准法"来确定目标可靠指标的,而对于既有建筑结构的目标可靠指标,国内和国际上还没有比较统一的确定方法。对于既有结构构件的目标可靠指标,美国学者曾引入生命安全准则(Life Safety Criteria),考虑了检测情况、结构的破坏性质和风险种类三个因素,对原设计阶段的目标可靠指标进行调整。ISO 13822 Annex F建议既有结构的目标可靠指标应该基于现行规范、总费用最小原则和/或与社会的其他风险相比较而综合确定,应能反映结构的类型和重要性、可能的失效后果和社会经济条件,其所建议的既有结构承载能力极限状态的目标可靠指标为 2.3~4.3。在我国的设计规范中,根据建筑结构的破坏后果,即危及人的生命、造成的经济损失、产生的社会影响等严重程度,把建筑结构划分为了三个等级,相邻等级之间的目标可靠指标相差 0.5,目标可靠指标一共有四个等级,即 2.7、3.2、3.7 和 4.2。与 ISO 13822 比较可以看出,对于承载能力极限状态,ISO 13822 所建议的对于既有结构构件的目标可靠指标与我国设计规范所规定的目标可靠指标基本上处于同一水平上。为此,本标准规定不同目标工作年限内的目标可靠指标不变(即与 50 年内的目标可靠指标相同),通过计算分析认为在此情况下,不同目标工作年限内结构的年失效概率水平是可以被公众接受的。从另一方面讲,在总体目标可靠指标不变的情况下,结构构件的年失效概率会随着其目标工作年限的增加而逐渐减小,这也符合公众的心理。

5.4.2、5.4.3 同济大学根据适用于既有结构的荷载和抗力概率模型,考虑 14 种代表性的结构构件(混凝土结构:轴心受拉、小偏心受压、大偏心受压、受弯、受剪；砖砌体结构：轴心受压、偏心受压、受剪；木结构：受剪、轴心受压；钢结构：轴心受压、偏心受压；薄壁型钢结构：轴心受压和偏心受压)、不同的可变荷载效应与永久荷载效应的比值、3 种可变荷载效应与永久荷载效应的简单组合，对不同目标工作年限内的荷载分项系数进行优化分析。结果为：永久荷载分项系数 $\gamma_G=1.0$（当永久荷载对结构有利时，$\gamma_G=0.6$），可变荷载分项系数 $\gamma_Q=1.3$。由荷载分项系数进一步优化分析得出不同构件的承载力分项系数 $\gamma_R=1.11\sim1.82$。对其他结构构件，由于缺乏可用的承载力概率模型，其抗力分项系数是通过对现行设计规范中承载力标准值和承载力设计值进行比较分析后确定的。

5.4.4、5.4.5 对正常使用极限状态的验算主要参考现行国家标准《建筑结构荷载规范》GB 50009 的成果。

5.5 既有结构构件可靠性评定方法

5.5.1、5.5.2 有关安全性和使用性等级主要是参考现行国家标准《民用建筑可靠性鉴定标准》GB 50292 的成果。

5.5.3 现行国家标准《民用建筑可靠性鉴定标准》GB 50292 和《工业建筑可靠性鉴定标准》GB 50144 在进行构件的使用性能评定时也采用分级评定的方法，分为三级进行评定：a_s 级的构件不必采取措施；b_s 级的构件可不采取措施；c_s 级的构件应采取措施。工程实践表明，如实测获得的结构构件的荷载效应不能满足式(5.4.5)的要求，则必须要采取相应的技术措施。为此建议：对既有建筑结构构件的使用性采用分级评定，且只分两级：a_s 级的构件不必采取措施；d_s 级的构件应采取措施（为与结构构件的安全性评定相协调，将应采取措施构件的等级定为 d_s 级）。

5.5.4～5.5.6 由于目前不能较精确地确定既有构件的耐久年限 T_d，因此，耐久性仅分两级，不再细分。耐久性涉及环境、荷载

(作用)、抗力随时间的变化情况，必须引入时间变量，根据目标工作年限内环境、荷载(作用)和抗力随时间的变化规律进行分析。另外，结构的耐久性实际上可以理解为目标工作年限内的安全性和使用性。因此，引入时间变量后，可将目标工作年限内的安全性等级和使用性等级中的较低一级作为构件的耐久性等级。当确知目标工作年限内结构不会出现明显的耐久性退化时，可以将构件的耐久性等级直接评定为 a_d 级。

5.5.7 给出了既有结构构件剩余使用寿命预测的方法。

5.6 既有结构体系可靠性评定方法

5.6.1 结构体系的可靠性可以根据检测目的的不同，选择进行结构的安全性、使用性或耐久性评估。

5.6.2 根据同济大学的研究成果，考虑实际应用的可行性，本条提出了基于串联子结构的结构体系可靠性等级评定方法。根据结构体系的特点，建议采用一个或若干个结构层作为一个子结构，将地基基础看成是结构体系中最底部的一个子结构。子结构之间上、下串联，形成一个完整的传力体系。虽然不是简单的串联体系，但各子结构在整个结构体系中的重要性一目了然，即处于下部的子结构要比上部的子结构重要。

5.6.3、5.6.4 此两条主要采用现行国家标准《民用建筑可靠性鉴定标准》GB 50292 和《工业建筑可靠性鉴定标准》GB 50144 的相关成果。

5.6.5 本条规定了上部结构每层或每一子结构安全性等级的确定方法。根据同济大学的研究成果，本标准推荐使用权重法评定每层或每一子结构的安全性。其中，表 5.6.5 的评级标准参照国家标准《民用建筑可靠性鉴定标准》GB 50292—2015 表 7.3.5 确定。

5.6.6、5.6.7 同第 5.5.3 条，地基基础和上部结构每层的使用性等级也分为两个等级：A_s 级的构件不必采取措施；D_s 级的构件应采取措施。

5.6.8 本条规定了上部结构每层的使用性等级的确定方法。根据同济大学的研究成果，本标准推荐使用权重法。其中，表5.6.8的评级标准参照现行国家标准《民用建筑可靠性鉴定标准》GB 50292确定。

5.6.9、5.6.10 同第5.5.4～5.5.6条。

5.6.11 本条规定了上部结构每层的耐久性等级的确定方法。其中，表5.6.11的评级标准参照本标准表5.6.5和表5.6.8的结果确定。

6 既有混凝土结构构件可靠性评定

6.1 既有混凝土结构构件安全性评定

6.1.1 混凝土结构构件安全性评定应检查的项目,是在现行国家标准《建筑结构可靠性设计统一标准》GB 50068 定义的承载能力极限状态基础上,参照国内外有关标准和工程鉴定经验确定的。

6.1.2 当荷载效应的统计参数为已知时,可靠指标是结构构件抗力均值及其标准差的函数,而结构构件的抗力又与材料或构件的质量密切相关。现行国家标准《建筑结构可靠性设计统一标准》GB 50068 规定了两种质量界限,即设计要求的质量和下限质量,前者为材料和构件的质量应达到或高于目标可靠指标要求的期望值,后者系按目标可靠指标减 0.25 确定的。此值相当于其失效概率运算值上升半个数量级。基于以上考虑,并参考现行国家标准《民用建筑可靠性鉴定标准》GB 50292,制定了混凝土结构构件承载能力验算分级标准。在给定目标工作年限内,相应于 a_u、b_u、c_u 三级的目标可靠指标分别为按本标准第 5.4.1 条要求确定的 β、$\beta-0.25$、$\beta-0.5$,相当于 d_u 级的目标可靠指标小于 $\beta-0.5$。其优点是能与现行国家标准《建筑结构可靠性设计统一标准》GB 50068 规定的两种质量界限挂钩,并与设计采用的目标可靠指标接轨。另外,结构构件的重要性已通过权重 ω_i 反映,故本条不再区分主要构件和一般构件。

根据上述分析确定 b_u 和 c_u 之间的界限为 $R/\gamma_0\gamma_R S=0.96$,$c_u$ 和 d_u 之间的界限为 $R/\gamma_0\gamma_R S=0.92$。考虑到算得的界限值与现行国家标准《民用建筑可靠性鉴定标准》GB 50292 相应的界限值(分别为 0.95 和 0.90)相接近,故本标准中的上述界限值仍采用 0.95 和 0.90。

6.1.3 钢筋锈蚀或混凝土腐蚀会对混凝土结构构件的承载力产生不良的影响,在承载力计算时应考虑这种影响。

6.1.4 采用现行国家标准《民用建筑可靠性鉴定标准》GB 50292 的相关成果。

6.2 既有混凝土结构构件使用性评定

6.2.1 混凝土结构构件使用性评定应检查的项目,是在现行国家标准《建筑结构可靠性设计统一标准》GB 50068 定义的使用极限状态基础上,参照国内外有关标准确定的。

6.2.2 采用现行国家标准《民用建筑可靠性鉴定标准》GB 50292 及《工业建筑可靠性鉴定标准》GB 50144 的相关成果。

6.3 既有混凝土结构构件耐久性评定

6.3.1 混凝土结构构件耐久性评估需考虑目标工作年限内材料耐久性退化对其受力性能的影响。

6.3.2~6.3.4 安全耐久性评定时应考虑钢筋或预应力筋的锈蚀、混凝土腐蚀后的本构关系模型,考虑钢筋锈蚀后混凝土构件失效模式的演化,按本标准附录 K、附录 L 和附录 M 确定材料的本构关系模型和构件的承载力。

  锈蚀钢筋的应力-应变关系由同济大学根据实际工程中截取的锈蚀钢筋、大气环境下裸露锈蚀钢筋和试验室加速锈蚀钢筋的拉伸试验结果以及国内学者关于锈蚀钢筋力学性能的研究成果而提出。锈蚀钢筋力学性能试验结果表明,钢筋锈蚀后,除了钢筋有效截面减小外,钢筋不均匀锈蚀时力学性能发生退化,且随着钢筋锈蚀的发展钢筋锈蚀越趋于不均匀,从而使锈蚀钢筋混凝土构件的承载能力降低。此外,混凝土保护层锈胀开裂后,由于钢筋与混凝土间生成疏松的锈蚀产物、钢筋横肋锈损、周边混凝土约束力降低等因素的综合影响,钢筋与混凝土之间的粘结性能也将发生退化。同济大学研究成果表明,当钢筋在支座处锚固良好时,粘结性能的退化对受弯构件正截面抗弯承载力影响不大,主要是降低了构件的使用性能。

使用耐久性评定时可参照第6.2节进行,但应考虑材料耐久性退化对刚度的影响。

6.3.5、6.3.6 混凝土保护层锈胀开裂时的腐蚀深度主要和混凝土强度、钢筋直径、保护层厚度、钢筋直径等因素有关,关系式是现行国家标准《既有混凝土结构耐久性评定标准》GB/T 51355根据国内外快速腐蚀试验、长期暴露试验、工程调查资料以及数值模拟结果统计分析确定的。

6.3.7、6.3.8 根据同济大学的研究成果给出。

6.3.9 根据同济大学的研究成果,且与现行国家标准《混凝土结构设计规范》GB 50010相协调。

7 既有砌体结构构件可靠性评定

7.1 既有砌体结构构件安全性评定

7.1.1 砌体结构构件安全性鉴定应检查的项目,是在现行国家标准《建筑结构可靠性设计统一标准》GB 50068 定义的承载能力极限状态基础上,根据其工作性能和工程鉴定经验确定的。

7.1.2 砌体结构构件承载能力验算的分级标准的制定原则,与混凝土结构构件完全一致。

7.1.3 采用现行国家标准《民用建筑可靠性鉴定标准》GB 50292 及《工业建筑可靠性鉴定标准》GB 50144 的相关成果。

7.2 既有砌体结构构件使用性评定

7.2.1 砌体结构构件使用性鉴定应检查的项目,是在现行国家标准《建筑结构可靠性设计统一标准》GB 50068 定义的使用极限状态基础上,参照国内外有关标准和工程鉴定经验确定的。

7.2.2 采用现行国家标准《民用建筑可靠性鉴定标准》GB 50292 及《工业建筑可靠性鉴定标准》GB 50144 的相关成果。

7.3 既有砌体结构构件耐久性评定

7.3.1~7.3.3 影响砌体结构耐久性的主要因素是砌体的风化,故砌体结构构件的耐久性主要根据砌体的风化深度来评价。

8 既有钢结构构件可靠性评定

8.1 既有钢结构构件安全性评定

8.1.1 钢结构构件安全性鉴定应检查的项目,是在现行国家标准《建筑结构可靠性设计统一标准》GB 50068 定义的承载能力极限状态基础上,参照国内外有关标准和工程鉴定经验确定的。

8.1.2 钢结构构件承载能力验算的分级标准的制定原则,与混凝土结构构件完全一致。

8.1.3 采用现行国家标准《民用建筑可靠性鉴定标准》GB 50292 及《工业建筑可靠性鉴定标准》GB 50144 的相关成果。

8.2 既有钢结构构件使用性评定

8.2.1 钢结构构件使用性鉴定应检查的项目,是在《建筑结构可靠度设计统一标准》GB 50068 定义的使用极限状态基础上,参照国内外有关标准确定的。

8.2.2 采用现行国家标准《民用建筑可靠性鉴定标准》GB 50292 及《工业建筑可靠性鉴定标准》GB 50144 的相关成果。

8.3 既有钢结构构件耐久性评定

8.3.1～8.3.3 影响钢结构耐久性的主要因素是钢结构的锈蚀,故钢结构构件的耐久性主要根据钢材表面的锈蚀深度来评价。

9 既有木结构构件可靠性评定

9.1 既有木结构构件安全性评定

9.1.1 木结构构件安全性鉴定应检查的项目,是参照国内外有关标准确定的。

9.1.2 木结构构件承载能力验算的分级标准的制定原则,与混凝土结构构件完全一致。

9.2 既有木结构构件使用性评定

9.2.1、9.2.2 木结构构件使用性鉴定应检查的项目,主要是参照现行国家标准《民用建筑可靠性鉴定标准》GB 50292 的规定确定的。

9.1.3 采用现行国家标准《民用建筑可靠性鉴定标准》GB 50292 的相关成果。

9.3 既有木结构构件耐久性评定

9.3.1、9.3.2 影响木结构耐久性的主要因素是木材的腐蚀,故木结构构件的耐久性主要根据木材的腐蚀深度来评价。